系统方法·全球城市健康与福祉战略研究丛书

城市健康与福祉计划

健康未来

（德）弗朗茨·W.盖茨维勒　刘　昱　钟楚玥　主编
Franz W. Gatzweiler

ZHEJIANG UNIVERSITY PRESS
浙江大学出版社

图书在版编目(CIP)数据

城市健康与福祉计划：健康未来 /（德）弗朗茨·盖茨维勒,刘昱,钟楚玥主编. — 杭州：浙江大学出版社,2021.10

ISBN 978-7-308-21670-8

Ⅰ.①城… Ⅱ.①弗… ②刘… ③钟… Ⅲ.①城市建设－研究 Ⅳ.①F290

中国版本图书馆 CIP 数据核字(2021)第 179710 号

城市健康与福祉计划：健康未来

（德）弗朗茨·W.盖茨维勒　　刘　昱　　钟楚玥　主编
Franz W. Gatzweiler

责任编辑	张凌静
责任校对	殷晓彤
封面设计	周　灵
出版发行	浙江大学出版社
	（杭州市天目山路 148 号　邮政编码 310007）
	（网址:http://www.zjupress.com）
排　　版	杭州朝曦图文设计有限公司
印　　刷	浙江省邮电印刷股份有限公司
开　　本	710mm×1000mm　1/16
印　　张	4.75
字　　数	80 千
版 印 次	2021 年 10 月第 1 版　2021 年 10 月第 1 次印刷
书　　号	ISBN 978-7-308-21670-8
定　　价	58.00 元

前　言

　　城市是全球发展的新熔炉。全球半数以上的人口居住在城市，且该数据正以每年约 2％的增速持续攀升。在今后的 30 年里，预计将增加 20 多亿城市居民，其中很大一部分将生活在非正式安置点或贫民窟。城市地区的环境极其复杂，环境、社会、文化和经济等因素影响着人们的健康与福祉。

　　城市健康与福祉项目（Urban Health and Wellbeing Programme，UHWB）是国际科学理事会（International Science Council，ISC，旧称ICSU）的一个全球跨学科科学计划，由联合国大学（United Nations University，UNU）、国际科学院合作组织（InterAcademy Partner-ship，IAP）和国际城市健康学会（International Society for Urban Health，ISUH）联合支持。该项目的总体愿景是，人们在健康的城市里生活，并能达到自己期望的福祉水平。

　　本书辑录了城市健康与福祉项目于 2016—2019 年出版的政策简报，旨在强调和提醒注意与政策相关的研究结果和研究人员的发现与见解，并与社会各阶层的决策者进行交流，以鼓励为健康的城市环境和人民共同创造知识。

目　　录

1

城市健康和福祉系统研究在中国的应用

李新虎①

关键信息

1. 在中国，生态文明不仅仅是一种理念创新，更是一项重要的国家治理战略。

2. 国务院发布了全球首个循环经济国家战略，循环经济已成为中国的国家发展战略。

3.《"健康中国2030"规划纲要》由中共中央、国务院印发，明确了"健康中国规划"在中国政府健康与发展议程中的中心地位。

4. 中国是世界上人口最多的国家，同时也正在经历历史上最大规模的移民。快速的城市化进程对地方、国家和国际公共卫生产生了深刻而持久的影响。

5. 虽然在个人层面上是人们选择与其自身健康相关的行为或生活环境，但政府应提供可提高人民福祉的选项。

———————————
① 李新虎
中国上海，同济大学建筑与城市规划学院教授。
电子邮箱：xhli@tongji.edu.cn

生态文明

中国政府多年来一直关注生态和环境问题。1983 年,第二次环境保护工作会议将环境保护确定为一项基本国策。1997 年,中国共产党第十五次全国代表大会(中共十五大)将可持续发展确立为国家战略。2007 年,中国共产党第十七次全国代表大会(中共十七大)首次提出生态文明。2012 年,中国共产党第十八次全国代表大会(中共十八大)将生态文明提升为政治纲领和国家治理战略。

2015 年 9 月 21 日,中共中央、国务院发布了《生态文明体制改革总体方案》,明确了未来生态文明的总体设计和路线图。2016 年,提出绿色发展理念,将生态文明纳入"十三五"规划。这些重大政策的出台,意味着生态文明不仅仅是一项理念创新,更是一项重要的国家治理战略。此外,在这一战略的影响下,为了实现绿色发展目标,政府采取了一系列集中利用资源和节约能源的举措,除促进节能和产业结构调整之外,还发布相关水污染防治条例、基本农田保护条例、环境法规等。

循环经济

十多年前,中国政府认识到国家过度开发资源所带来的经济和环境风险,并将循环经济作为解决这些问题的主要手段。循环经济是通过物质和能源闭环流动,将资源和能源的使用及浪费最小化的系统。2005 年,中国国务院发出《关于加快发展循环经济的若干意见》的政策性指导文件。根据该文件,发展和改革委员会要会同环境保护总局和其他有关部门,对循环经济的发展进行监督和检查,并向国务院报告。

为促进循环经济发展,政府出台了一系列的税收、财政、定价和产业政策,设立支持工业园区向生态工业集聚区转变的基金。在"十一五"规划(2006—2010)中,循环经济占了整整一大章。2008 年,中华人民共和国第十一届全国人民代表大会常务委员会第四次会议通过了《中华人民共和国循环经济促进法》,要求地方政府将循环经济纳入投资和发展战略。在"十二五"规划(2011—2015年)中,循环经济被提升为国家发展战略。2013 年,国务院发布了全球首个循环经济国家战略。

为落实规划,2016 年国务院办公厅印发了《生产者责任制延伸制度推行方案》。电子电气产品、汽车产品、铅酸电池和包装产品被选为生产者责任制延伸制度推行的试点领域。生产者责任延伸制度的实施,有利于废物循环处置系统的建立,有利于生态文明的长期推进。

"健康中国 2030"规划

早在 2007 年中国科协年会上,时任卫生部部长陈竺在就公布了"健康护小康、小康看健康"的三步走战略,并透露了相关行动计划。该战略计划旨在实现三个目标:①到 2010 年,初步建立覆盖城乡居民的基本卫生保健制度框架;②到 2015 年,使我国医疗卫生服务和保健水平进入发展中国家的前列;③到 2020 年,保持我国在发展中国家前列的地位,东部地区的城乡和中西部的部分城乡接近或达到中等发达国家的水平。

2012 年 8 月 17 日,卫生部发布了《"健康中国 2020"战略研究报告》,提出了推动卫生事业发展的 8 项政策措施。2015 年,政府工作报告首次提出"建设健康中国"。党的八届五中全会讲一步提出了"推进健康中国建设"的任务要求。2016 年 8 月,习近平总书记在全国卫生与健康大会上表示"健康是促进人的全面发展的必然要求,是经济社会发展的基础条件"。2016 年 10 月,中共中央、国务院发布了《"健康中国 2030"规划纲要》,并发出通知,要求各地区、各部门结合实际认真贯彻落实,从而确立了"健康中国 2030"规划在中国政府健康与发展议程中的中心地位。该文件是自 1949 年中华人民共和国成立以来制定的第一个国家级的卫生部门中长期战略性计划。

案例研究

中国科学院城市环境研究所李新虎博士课题组系统分析了中国城市化对人口健康的影响方式和影响因素,并从国家、地方和个人三个层面提出了相应的对策和政策建议。图 1.1 说明了城市化造成的环境系统性变化是如何对人类健康造成诸多威胁的。快速且大多未经规划的城市增长是环境危害的一个来源,对人类健康产生直接和间接的影响。

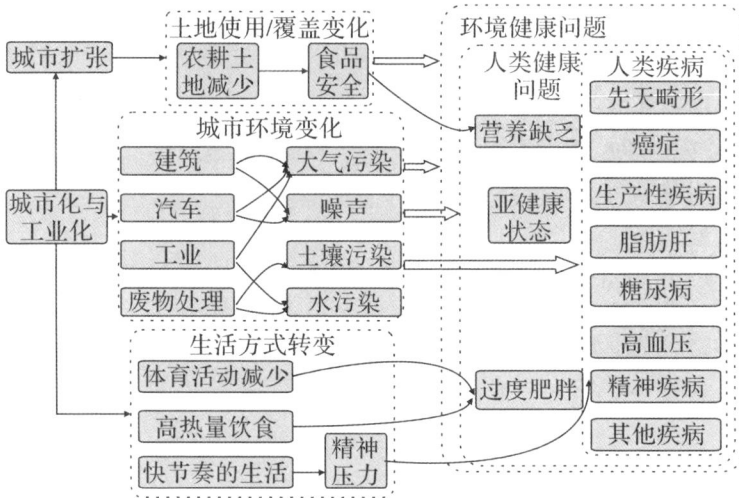

图 1.1　城市化、城市环境变化与公共卫生的关系

城市扩张是中国土地利用变化的主要驱动因素之一，生物多样性减少、空气质量恶化和水资源短缺等对当地生态系统造成广泛影响。在过去 20 年中，城市化的加速和爆发性的经济增长进一步加剧了农耕土地的短缺，对粮食安全造成不良后果，进而使得营养缺乏威胁到居民的整体健康状况。

耕地的减少加大了农业生产的压力，农业生产的提高既要依靠农业技术的进步，又要依赖化肥和农药的大量使用。化肥成本随着石油价格的上涨而上涨，这些投入对安全食品的供应和食品价格都产生了影响，对中国城市化特征、城市环境变化和公共卫生风险之间关系的多层次认识可以为确定国家、地方和个人层面的干预措施提供基础。

政策建议

根据李新虎博士课题所提供的证据，应对以下主要公共卫生领域予以关注。

1. 无污染的环境。

2. 安全和多样化的食品供应。

3. 解决特困群体就医难的医疗体系。

4. 健康城市规划。

5.健康行为教育。

在个人层面上,人们选择与其自身健康相关的行为或生活环境,但政府应为民众提供提升福祉的选项(见图1.2)。中央政府、地方政府和公众在以下各个领域的协同行动,可以推动实现提高中国所有公民健康和福祉的目标。图1.2阐明了健康促进活动的主要范畴,对这些活动负有主要责任的行政或管理层面、所涉及的监管或变化机制的类型,以及实现改善健康和福祉这一共同目标的各种可衡量指标的实例。

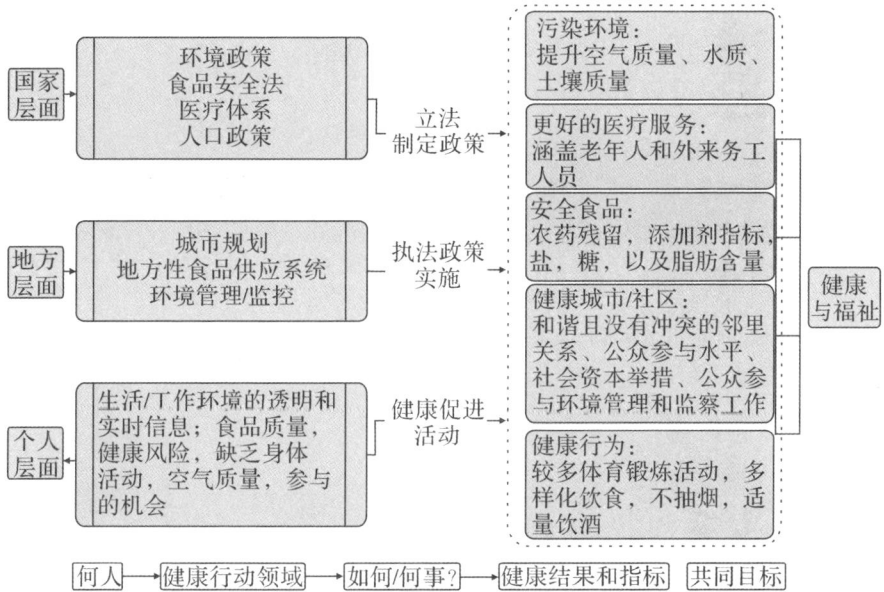

图1.2 个人层面健康促进行为的选择和政府层面改善福祉的选项

参考文献

LI X H,SONG J C,LIN T,et al. 2016. Urbanization and health in China,thinking at the national,local and individual levels. Environmental Health,15(S1):32. DOI:10.1186/s12940-016-0104-5.

2

城市健康和福祉系统研究在亚太地区的应用

何塞·西丽(Jose Siri)[1]

大卫·谭(David Tan)[2]

关键信息

亚太区域对城市健康和福祉采取系统办法的经验强调需要做到以下几点。

1.通过确立卫生部门与其他部门之间的联系,了解和强调健康在发展中的中心地位。

2.超越简单的指标,认识到复杂性的后果,特别是对因果反馈循环的动态的认识。

3.认同跨部门协同作用和综合权衡的重要性。

4.通过新的资助和评估标准,提高科学的跨学科性和跨领域性。

5.创建新的机制和结构以改善科学/政策影响。

① Jose Siri

英国伦敦,维康信托基金会城市与健康资深科学领导。

电子邮箱:J. Siri@wellcome. ac. uk

② David Tan

马来西亚吉隆坡,联合国大学全球健康国际研究所博士后研究员。

电子邮箱:d. tan@unu. edu

政策背景

拥有全球半数以上人口（UN-DESA，2017）的亚太地区正经历着空前规模的城市增长。例如，仅从 2000 年到 2010 年的十年间（Schneider et al. ，2015），东南亚地区的城市用地增长率就超过了 22%，城市人口增长也超过了 31%。

这种异乎寻常的扩张必然导致复杂性的同比增加，这是应对城市发展、城市系统各要素（如人、企业、基础设施和机构等）之间的互联倍增、城市版图扩张、放大个人行为影响力的技术进步（如电信、交通等）以及其他因素等所需治理实体化涌现的一种自然结果。城市复杂性涉及相互关联的因果反馈循环，参与其中的人很少能整体意识到这些循环。因此，政策决策产生超出其预期效果的影响；前者往往超过后者，这就导致政策出现意外或失败（Newell 和 Proust，2018）。此外，由于影响的产生可能会有很大的延迟，并且所有举措是在同时做出许多决策的情况下采取的，因此很难评估任何特定政策或干预措施的效力。

复杂性是造成城市健康不利后果的一个重要因素。例如，非传染性疾病（non-communicable diseases，NCDs）日益流行，这至少在一定程度上是由其环境、行为和生理原因的复杂性导致的，给预防和控制带来了挑战（Lee et al. ，2017）。现下，非传染性疾病是造成亚太区死亡和疾病负担的最重要原因（Low，Lee & Samy，2015）。农业、行为和生态动态的变化以及城市地区的人与动物的互动，也暗含着复杂的新传染病风险（Hassell et al. ，2017）。事实上，亚洲的城市扩张与高致病性禽流感风险的增加有关（Saksena et al. ，2017），而且大多数新的流感亚型和季节性流感毒株源自该区域（Wen，Bedford & Cobey，2016）。

亚洲城市扩张的独特挑战正在促生城市规划和管理的新方法（Baculinao，2017）；这些方法必须考虑到与健康结果有关的复杂性。系统方法是一系列旨在在这种情况下改进决策的行动。从根本上说，这些行动包括两个相关的要素：①揭示反馈关系的分析方法和因果系统的其他非线性要素；②广泛的参与过程（跨学科的、跨领域的、多尺度的），以改善问题表征，确保可行性并得到认可（Siri，2016）。

可持续发展平台日益整合的性质，特别是可持续发展目标（SDGs）的提出，预示其需要采取系统方法来应对复杂问题（包括在城市健康领域）。这已在众多研究中得到了证实，并开始出现在国家和区域政策文件中。下面重点介绍马来西亚应用系统方法的示例——SCHEMA 项目，并提出一系列基本的政策建议。

SCHEMA[①] 项目

自 2016 年以来，联合国大学全球健康国际研究所（United Nations University International Institute for Global Health，UNU-IIGH）和卡迪夫大学可持续开发速度研究所（the Cardiff University Sustainable Places Research Institute，CU-PLACE）共同发起了 SCHEMA 项目，以在马来西亚城市中促进对城市健康和可持续性做出更有效的决策——"发展马来西亚健康城市的系统思维和地方化方法"。该项目由英国文化委员会的牛顿基金（Newton-Ungku Omar）资助。

SCHEMA 项目借鉴了由 Newell 和 Proust（2018）在澳大利亚国立大学开发的协同概念建模框架（the collaborative conceptual modeling，CCM）（见图2.1），它使用简单的系统动力学模型来帮助参与者可视化系统结构和非线性关系，加强其沟通，并产生共识（Newell & Siri，2016）。

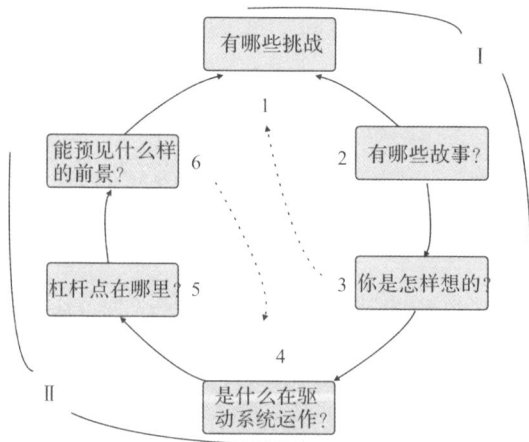

图 2.1　协同概念建模框架[Newell 和 Proust，2018，获得劳特利奇（Routledge）的版权许可]

SCHEMA 项目的核心是努力在马来西亚政府、学术界、民间团体和私营企

业建立一个系统方法实践社区,并促使和鼓励这个跨学科团队在应对卫生和可持续性挑战时联合应用这些方法。

1.开展了一系列的跨学科研讨会,重点放在与马来西亚城市有关的方法能力建设和跨领域信息交流,主题领域包括绿色基础设施、食品系统和校园可持续发展,以及对影响结果的结构和机制因素的探索。这些研讨会旨在为新的研究合作、城市干预措施以及组织结构和机制拟订具体建议。

2.与来自SCHEMA社区的外部合作者共同开展了一系列关于健康和/或可持续性的复杂城市问题的案例研究(SCHEMA,2018a)。通过联合国大学研究人员与外部合作伙伴之间的反复交流而展开的这些案例研究,同时也是一种能力建设工具,说明了系统方法对于揭示根本原因、不同观点的潜在影响以及干预的杠杆作用方面的价值。

系统方法在亚太区域城市健康领域的应用案例

• 新加坡的实验室Zeroth Labs综合了来自人类学、数据分析、以人为本的设计、系统动态、场景规划和行为科学的方法,以共同创造新形式的公共服务或市民解决方案。他们的工作涉及一系列社会问题,包括公共卫生、废弃物管理、青年、教育和医疗保健(Chandran,2017)。

• 通过在菲律宾首都马尼拉大都会开展的临危沿海城市(the Castal Cities at Risk,CCAR)项目,以及与各级政府、军队、地区科学组织及私营企业合作伙伴合作的具体政策工具,关于适应气候变化的系统思考已经成为国家和地方政府进程的主要内容(McBean,Cooper & Joakim,2017)。

• 鉴于食品系统的所有阶段以及各种利益攸关方的作用和竞争目标,澳大利亚维多利亚州的食物敏感规划与城市设计报告采用了一种隐式系统方法"……从规划、城市设计、可持续发展和健康等学科的学术、管理和实践中汲取见解"(Donovan,Larsen & McWhinnie,2011)。

• 自从2006年以来,印度笛莎教育基金会(Disha India Education Foundation)已经与印度各地的50多所学校合作,以"将系统思维原则和习惯整合入学校课程和教学法中",并促进体验式学习。

• 清华大学—《柳叶刀》(*The Lancet*)中国健康城市特邀报告委员会强调了在中国城市未来发展中,以参与式系统为基础工作的必要性,明确呼吁采取"跨学科、联动、综合、包容性的方法(即系统方法)来应对复杂的健康挑战"(Yang et al.,2018)。

3.通过 SCHEMA 开发和传播研究成果,促进非专业人士对城市复杂性的系统性思考。例如,该项目与马来西亚社区城市再生组织 Think City 共同赞助了一场摄影比赛,以激发人们对可持续发展目标之间联系的认识。摄影主题为"繁荣联结:日常生活中的联系"(SCHEMA,2018b),并在于吉隆坡召开的第九届世界城市论坛(the 9th World Urban Forum,WUF9)上发布。同样,项目研究人员通过一系列研讨会、公开演讲和展览,并利用国际活动如 WUF9、Think City 与其他政策、研究和学术合作伙伴合力提供的平台,将系统思维信息带给社会大众。这些简报取材于城市生活中的共同经历,演示了城市复杂性是如何形成并经更大的社会生态系统发展的。

4.使用系统方法对与马来西亚大环境下[例如,采用气候敏感建筑来减轻城市高温对健康的影响(Tan,Gong & Siri,2017)]城市健康和可持续性有关的主题进行了重点研究。

SCHEMA 项目所获经验证明了系统方法在帮助发展和传播对复杂的城市健康挑战的全面理解方面的潜力;还揭示了体制结构和机制的必要性,以使跨部门的合作交流能够充分利用这些认识而展开。

SCHEMA 项目只是亚太地区目前为城市健康采取和适应系统方法的许多倡议之一。此外,中国的"一带一路"倡议、印度的"智慧城市计划"、亚洲开发银行发起的"广泛行动计划"等初具规模的工作,为亚太地区更广泛地运用系统方法提供了可能性。

政策建议

根据 SCHEMA 项目和亚太区域其他系统研究的经验,我们向致力于改善亚太区域城市健康的行动者提出以下具体建议。

• 认识和强调健康在发展中的中心地位,采用跨部门参与的规范要求。世界卫生组织强调,有效地促进健康发展需要所有部门协同采取行动(WHO,2014),良好的健康是实现可持续城市发展的先决条件(WHO,2016)。有效的卫生信息可以有力地推动行动,而且在许多情况下,卫生部门代表(例如医生)的发声是值得信赖的。另一方面,"非卫生"部门的专业知识,包括传统和当地社区知识,对公共卫生干预措施的设计和实施大有帮助。

• 不局限于简单的指标。虽然直接的定量指标对基准评估过程至关重要,但决策者还应尽力确定构成卫生挑战基础的重要反馈循环,特别是跨部门的反馈。通过反馈关系进行思考,将帮助行动者阐明变化的理论以及变化发生的预期路径。通过这种方式,更易监视、识别和处理偏离预期的情况。

• 认同跨部门协同作用和综合权衡的重要性。国际科学理事会最近发布了一个评估可持续发展目标之间相互作用的框架(ICSU,2017),该框架可以被视为迈向基于系统的可持续发展方法的预备步骤。在许多资源日益稀缺的时候,人们越来越认识到地球系统受到人类活动的压力,这就要求保护其他资源,采取能够产生共同利益而不违背其自身发展目标的举措。

• 提升科学的跨学科性和跨领域性,包括为为科学建议与成果寻找新的资助和新的评估标准。亚太地区的大规模倡议,如中国的"一带一路"倡议和印度的"智慧城市计划",以及亚洲开发银行等主要发展机构,都有机会在工作中采用系统方法推动合作交流。

• 创建机制和结构以改善科学/政策影响。学术界和决策者之间需要持续、长期、密切的接触,不是仅仅通过按照行规编制政策性文件来满足这种需要,也不能仅仅通过开展以"知识交流"为目的的一次性会议来满足。促进这种参与的一个途径是在中学教育中推广系统思维,让青年接受并学习以系统为基础的信息,有可能极大地改善未来的健康决策。第二种途径是参与性预算编制,它为政策与社区的互动建立了一种规范的持续机制。

参考文献

ERIC B. 2017. China Plans a City, the Size of New England That'll Be Home to 130 Million.

NBC News，March 26.

BAI X M，SURVEYER A，ELMQVIST T，et al. 2016. Defining and advancing a systems approach for sustainable cities. Current Opinion in Environmental Sustainability，Open Issue，part Ⅰ，23（December）：69-78.

DONOVAN J，LARSEN K，MCWHINNIE J. 2011. Food-sensitive planning and urban design：a conceptual framework for achieving a sustainable and healthy food system. Melbourne：National Heart Foundation of Australia（Victorian Division）.

HASSELL J M，BEGON M，WARD M J，et al. 2017. Urbanization and disease emergence：Dynamics at the wildlife-livestock-human interface. Trends in Ecology & Evolution 32 （1）：55-67.

ICSU. 2017. A Guide to SDG Interactions：From Science to Implementation. Paris，France：International Council for Science.

LEE B Y，BARTSCH S M，MUI Y，et al. 2017. A systems approach to obesity. Nutrition Reviews 75（suppl_1）：94-106.

LOW W Y，LEE Y K，AND SAMY A L. 2015. Non-communicable diseases in the Asia-Pacific region：Prevalence，risk factors and community-based prevention. International Journal of Occupational Medicine and Environmental Health，28（1）：20-26.

GORDON M，COOPER R，AND JOAKIM E. 2017. Coastal Cities at Risk（CCaR）：Building Adaptive Capacity for Managing Climate Change in Coastal Megacities.（2017-07）［2019-05-26］. http：//hdl. handle. net/10625/ 56615.

NEWELL B，PROUST K. 2018. Escaping the Complexity Dilemma // Sustainability Science：Key Issues. Ariane König and Jerome Ravetz. Abingdon，Oxon：Earthscan，Routledge.

NEWELL B，SIRI J. 2016. A role for low-order system dynamics models in urban health policy making. Environment International，95（10）：93-97.

RAMASWAMI A，RUSSELL A G，CULLIGAN P J，et al. 2016. Meta-principles for developing smart，sustainable，and healthy cities. Science，352（6288）：940-943.

SAKSENA S，DUONG N H，FINUCANE M，et al. 2017. Does Unplanned Urbanization Pose a Disease Risk in Asia? The Case of Avian Influenza in Vietnam. AsiaPacific Issues. Honolulu，Hawaii：East-West Center.

SCHEMA. 2018a. SCHEMA Case Studies：Applying Systems Thinking to Urban Health and Wellbeing. Edited by David Tan and José Siri. Kuala Lumpur，Malaysia：United Nations University International Institute for Global Health.

SCHEMA. 2018b. Thrive Connect：Linkages in Everyday Life. Edited by José Siri and David Tan. Kuala Lumpur，Malaysia：United Nations University International Institute for Global Health.

SCHNEIDER A，MERTES C M，TATEM A J，et al. 2015. A new urban landscape in East-Southeast Asia，2000—2010. Environmental Research Letters，10（3）：34002.

SIRI J G. 2016. Sustainable，healthy cities：Making the most of the urban transition. Public Health Reviews，37（October）：22.

TAN D，GONG Y，and SIRI J G. 2017. The impact of subsidies on the prevalence of climatesensitive residential buildings in Malaysia. Sustainability，9（12）：2300.

United Nations Department of Economic and Social Affairs，Population Division. 2017. World Urbanization Prospects：The 2017 Revision. New York，USA：United Nations.

WEN F，TREVOR B，AND SARAH C. 2016. Explaining the geographical origins of seasonal Influenza A （H3N2）. Proceedings of the Royal Society B：Biological Sciences，283 （1838）.

WHO，2014. Health in all policies：Helsinki statement，framework for country action. The 8th Global Conference on Health Promotion Jointly Organized by. Geneva，Switzerland：World Health Organization.

WHO，2016. Health as the Pulse of the New Urban Agenda：United Nations Conference on Housing and Sustainable Urban Development，Quito，October 2016. Geneva，Switzerland：World Health Organization.

YANG J，SIRI J G，REMAIS J V，et al. 2018. The Tsinghua-Lancet commission on healthy cities in China：Unlocking the power of cities for a healthy China. The Lancet，391 （10135）：2140-2184.

3

城市健康和福祉系统研究在拉丁美洲与加勒比海地区的应用

曼努埃尔·利蒙塔（Manuel Limonta）[①]

关键信息

1. 拉丁美洲与加勒比海地区是世界上城市化率最高的地区之一。

2. 卫生服务的获取、流行病学的转型和慢性非传染疾病、卫生领域人力资源的培训和配置、卫生领域的差距，以及卫生系统的筹资是最重要的健康挑战。

3. 萨尔瓦多共和国于 2010 年开始对卫生系统进行深化改革，使其卫生状况得到显著改善，促发了萨尔瓦多城市健康模型的建立。

4. 萨尔瓦多城市健康模型受到系统方法的启发，有可能成为整个拉丁美洲与加勒比海地区的典范。

5. 国际科学理事会拉丁美洲与加勒比海地区区域办公室与本章提及的参与者在系列发展中担当推动者，秘书处将与国际科学理事会的城市健康倡议合作，将其城市健康与福祉全球科学计划应用于该地区。

---

① Manuel Limonta
国际科学理事会拉丁美洲与加勒比地区区域办公室主任。
电子邮箱：mjlimonta2000@yahoo.com

拉丁美洲和加勒比海地区是全球城市化速度最快的地区之一。数以百计的中型城市正在浮现。该地区80％以上的人口居住在城市。在委内瑞拉、阿根廷、乌拉圭、巴西和智利,90％以上的人口是城市居民。拉丁美洲和加勒比地区有30％的人口无法获取医疗卫生服务。7400万人没有适当的卫生设施,只有不到20％的废水和污水得到处理,由此导致了严重的健康风险(联合国人居署,2012)(见图3.1)。

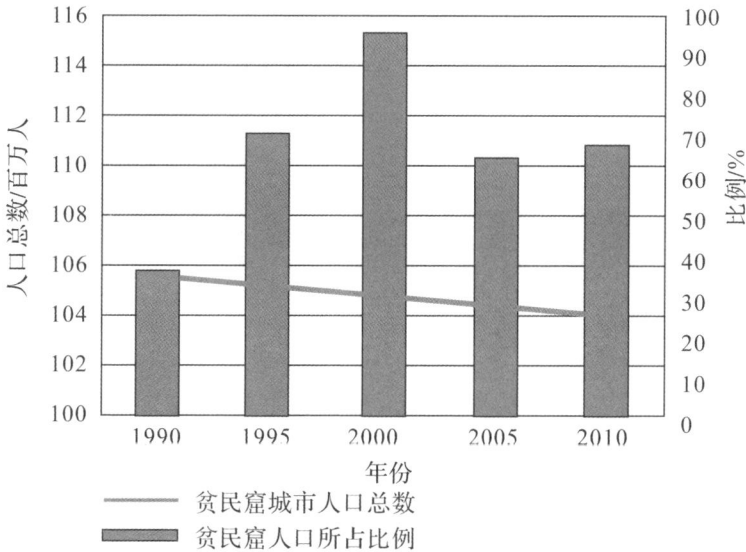

图 3.1　城市贫民区人口趋势,1990—2010 (UN Habitat,2012)

2012年,估计有1.11亿人生活在贫民窟,而拉丁美洲是世界上最不平等和最不安全的地区之一。拉丁美洲的城市成为世界上最危险的城市,其中萨尔瓦多、洪都拉斯、墨西哥和危地马拉的城市危险系数位居前列(UN Habitat,2012)。2016年,拉丁美洲世界经济论坛估计,患有非传染性疾病的人数超过2亿,79％的死亡与非传染性疾病有关。非传染性疾病造成的死亡中,35％是过早死亡,即死亡发生在30~70岁。

到2030年,非传染性疾病可能给中低收入国家造成约21.3万亿美元的经济损失。五个最重要的卫生挑战包括:①医疗卫生服务的获得;②流行病学转变与慢性非传染性疾病;③卫生领域人力资源的培训和配置;④卫生领域的差距;⑤卫生系统的筹资。

该地区至少有 1 亿人暴露在污染程度超过世界卫生组织建议值的上限的大气污染中。陆路交通是造成拉丁美洲和加勒比海地区城市空气污染的最大原因,其他原因还包括燃煤和重油燃料发电站,以及工业生产。2000—2004 年,大多数情况下,年平均可吸入颗粒物水平也超过了世界卫生组织建议的最高水平,浓度甚至超过了城市自行设定的标准(Greene & Sanchez,2012)。

空气污染的案例表明,城市健康问题是高度互联互通的。如能更好地理解诸个问题是如何相互联系的,并着眼于那些系统地联系在一起的问题,就有望从更有效、更高效的政策措施中获益。因此,促进对该区域的城市健康采取系统的办法是国际科学理事会拉丁美洲与加勒比海地区区域办公室(ICSU ROLAC)的主要目标之一。城市健康是国际科学理事会区域办公室的优先领域之一,该办公室自从墨西哥搬迁至萨尔瓦多以来一直很活跃。

国际科学理事会拉丁美洲与加勒比海地区区域办公室于 2016 年 8 月搬迁至萨尔瓦多,并于 2016 年 10 月与萨尔瓦多公共卫生部(MINSAL)和公共工程部共同举办了第一次研讨会。共有 340 人出席此次研讨会,其中包括政府代表,例如部长、顾问、教育系统代表、国立大学权威人士、参与环境与健康研究的协会成员,以及相当大比例的对该学科非常感兴趣的大学生。

这一因素促使国际科学理事会拉丁美洲与加勒比海地区区域办公室开始建立和协调城市健康工作组。萨尔瓦多卫生部副部长与科学技术部副部长联合国际科学理事会拉丁美洲与加勒比海地区区域办公室举行了一次会议,以促进由国际科学理事会拉丁美洲与加勒比地区区域办公室协调的各部委和其他组织开展工作,以实现协同增效并共同面对萨尔瓦多的城市健康工作。

2017 年 3 月 20 日,在国际科学理事会拉丁美洲与加勒比海地区区域办公室的协调下召开了首届全国城市健康工作组会议。参加会议的有该国主要机构的副部长、主任和顾问,会上公布了城市健康领域的现有方案、差距和挑战,并为在萨尔瓦多实施新的城市健康模型制定行动方针。

城市健康工作组由下列机构组成。

• 科学技术部副部长
• 卫生部
• 环境与自然资源部

- 公共工程部
- 司法与公共安全部
- 住房与城市发展部副部长
- COAMSS OPAMSS
- 萨尔瓦多国立大学
- 交通部主管
- 教育部
- 文化部长
- 萨尔瓦多国家体育学院
- 国家青年问题研究所
- 萨尔瓦多国立大学
- 环境影响力(媒体)

工作组现已取得了重要进展,例如将萨尔瓦多城市健康领域不同部委目前正在执行的项目信息整合到一个国家方案中,以便在各部委之间以综合化的方式开展这些项目。

2017年6月19日,萨尔瓦多卫生部正式启动新的城市健康模型。出席此

次高级别会议的有中国驻萨尔瓦多大使和萨尔瓦多规划署技术部部长里克·阿尔贝托·恩里克斯(Lic. Alberto Enriquez)。用卫生部部长比奥莱塔·门西瓦尔(Violeta Menjivar)博士的话说，"城市健康模型的主要目标是减少社会排斥，保护和修复环境，促进人类发展，并为全人类建设更健康的城市。"萨尔瓦多正在实施城市健康新模型，这将在拉丁美洲地区中产生重要影响，并可供该区域其他国家借鉴萨尔瓦多首创的综合卫生管理范例。

在启动仪式上有人指出，萨尔瓦多城市健康模型的核心始于所谓的"美好生活"，可以通过实施对个人、家庭和社区产生积极影响的公共政策来实现。该模型包含了六个方面，和平共处、流动环境、社会与福祉、人居环境与基础设施、治理与整合、教育与文化，并将其举措覆盖三种主要范畴，社会参与、部门之间和部门内。

必须强调的是，萨尔瓦多城市健康模型是在萨尔瓦多卫生改革(始于2010年)的背景下构想出来的，重申健康是一项基本人权。国家对卫生系统进行了深刻和创新的改革，制定了实现全民享有医疗保健的战略，打破了地理、经济和技术壁垒，通过加强公共卫生系统，保障人民的健康权(Menjivar，2016)。

国际科学理事会区域主管曼努埃尔·利蒙塔(Manuel Limonta)博士解释说，萨尔瓦多的城市健康模型是基于科学方法建立的，受国际科学理事会关于城市健康与福祉项目系统方法的启示，并基于萨尔瓦多公共卫生部的前期工作。他宣布，国际科学理事会拉丁美洲与加勒比海地区区域办公室会同世界科学院与国际城市健康研讨会于2017年9月在萨尔瓦多组织第二届城市健康研讨会。来自拉丁美洲和加勒比海地区低收入国家的年轻科学家参加了该研讨会,会议主题为城市健康。该研讨会是由城市健康工作小组的所有成员计划安排的。

第二届国际城市健康研讨会于 2017 年 9 月 28 日至 29 日在萨尔瓦多共和国圣萨尔瓦多举行。此次研讨会由国际科学理事会拉丁美洲与加勒比海地区区域办公室、世界科学院(the World Academy of Science,TWAS)以及城市健康工作小组联合组织。研讨会旨在促进和鼓励与会者之间交流成功经验及开展合作。该研讨会也是一个向该区域其他国家展示萨尔瓦多模型的机会,具有开创性意义。研讨会促进了与会者在国家和区域的参与和交流作用,强调了以综合、多学科和机构间的方法面对城市健康状况的重要性。

2017 年 7 月,政府决定在圣萨尔瓦多市进行试点,因为圣萨尔瓦多是萨尔瓦多共和国的首都,人口总数为 177.36 万,占全国总人口的 27.19%(DIGESTYC,2016)。从圣萨尔瓦多市的 14 个自治区中选出了 7 个进行了试点(见图 3.2)。到 10 月中旬,泛美健康组织就在这个阶段推出了"健康城市行动工具",并在不同的研讨会上介绍了这一工具,以便培训选定参加试点的 7 个自治区的人员。研讨会和该工具本身的目标是为采取行动措施为促进健康的城市、自治区和社区提供指导,包括提出了待解决的问题、主要活动、样例和资源,以帮助促进健康社区建设。

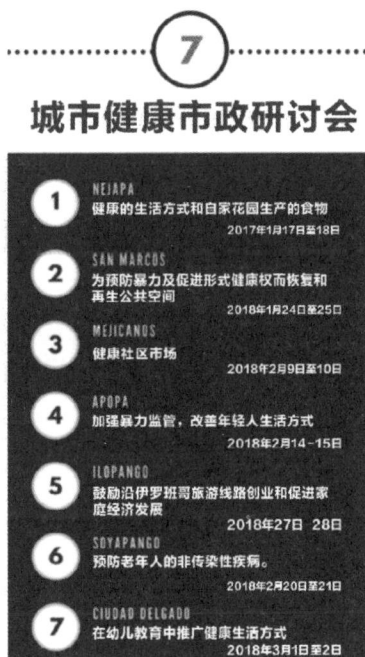

图 3.2 选定作为萨尔瓦多城市健康模型试点地点的 7 个自治市

在萨尔瓦多共和国,该工具预计将用于实施城市健康模型及其应用计划(MINSAL,2017)。该模式的核心是通过社会参与、部门间和部门内行动来促进萨尔瓦多所谓的"美好生活"。"美好生活"包括以下几个方面:和平共处、流动环境、社会与福祉、人居环境与基础设施、治理与整合、教育与文化。

由于萨尔瓦多的城市模型包含前面提到的所有方面,选定进行试点的 7 个自治区,每个区都选择了对其社区直接造成负面影响的不同问题,以通过这一模型所提议的部门间和部门内办法来解决这些问题并带来范例式变化。

拉丁美洲与加勒比海地区区域办公室秘书处向所有研讨会提供支持并给予密切配合。在社区内举办这些研讨会,使萨尔瓦多的城市健康模式从理论走向实践,使采用系统方法的城市居民参与其中。

城市健康模型有助于通过工作组内的各部使整个国家的工作协调一致;同时,也激发政府官员对这一主题的兴趣。此外,普通公民和社区成员也开始参与这项计划。

拉丁美洲与加勒比海地区区域办公室设定了短期、中期和长期目标。在短期内,对萨尔瓦多的城市健康状况进行诊断,成立工作组并建立萨尔瓦多城市健康领域各部门的现行国家方案模型,现已基本实现。在中期目标方面,制订一项实施计划,现已拥有并处于早期执行阶段。在长期目标方面,期望在城市健康方面取得根本性变化。值得一提的是,迄今取得的成就是采取系统办法进行协调、管理和综合治理的结果。

展望未来,拉丁美洲与加勒比海地区区域办公室计划组织一次中美洲研讨会,以便在该区域推广这一模型。这将是一个同该区域各国建立合作和联系的机会,为同整个区域的国家建立更大的项目倡议奠定基础。

全球其他区域已开始对城市健康模型表现出兴趣。拉丁美洲与加勒比海地区区域办公室受邀于以下三个会议及论坛上展示该模型:2017 年 12 月 2 日至 4 日在中国厦门举办的"未来地球健康知识行动网络研讨会"、2018 年 2 月 7日至 13 日在吉隆坡举行的第九届世界城市论坛上,以及 2018 年 5 月 18 日在危地马拉举行的城市健康政策讨论会。2018 年 10 月 16 日至 18 日,中国科学院在中国举办"一带一路"变化中的环境健康研讨会,邀请了拉丁美洲与加勒比海地区区域办公室代表和萨尔瓦多城市健康工作组代表参会,介绍该城市健康模型。

参考文献

DIGESTYC. 2016. Estimaciones y Proyecciones de la Poblacion. San Salvador，El Salvador. ［2019-5-26］. http://www. digestyc. gob. sv/index. php/novedades/avisos/540-el-Salvador-estimaciones-y-proyecciones-de-poblacion. html.

GREENE J，SANCHEZ S. 2012. Air Quality in Latin America：An Overview USA，Washington D. C. ：Clean Air Institute.

MINISTERIO de SALUD de EL SALVADOR—MINSAL. 2017. Modelo de Salud Urbana y Plan de Implementacion. ［2019-05-26］. http://www. salud. gob. sv/archivos/comunicaciones/archivos_comunicados2017/pdf/Modelo_de_Salud_Urbana_y_Plan_de_Implementacion. pdf.

UN HABITAT. 2012. The State of Latin American and Caribbean Cities 2012：Towards a New Urban Transition. Nairobi，Kenya：United Nations Human Settlements Programme.

VIOLETA M. 2017. The 69th World PAHO General Assembly. Geneva，Switzerland.

WORLD ECONOMIC FORUM. 2016. These are the 5 Health Challenges Facing Latin America ［2017-08-20］. https://www. wefbrum. org/agenda/2016/06/these-are-the-5-health-challenges-facing-latin-america/. See also San Salvador Urban Health Model (in Spanish)：https://youtu. be/XUzbwHeYRO.

4

城市健康和福祉系统研究在非洲地区的应用

托卢·奥尼(Tolu Oni)①

关键信息

1.健康是发展的核心,但影响健康的大多数因素不在卫生部门内。

2.整个非洲的快速城市化正在导致健康风险暴露的变化,这些因素往往会对健康产生负面影响,但可以利用其创造健康价值。

3.为实现非洲联盟《2063年议程》共同福祉的愿景,需要采取新办法来改善健康和福祉。

4.这些方法将需要卫生和非卫生部门之间的协作,以保障实施健康公共利益政策。

5.系统化方法处理影响城市健康的关联因素的复杂网络,促进新形式的部门间对话和数据共享,并提供工具包以制订部门间健康促进计划和干预措施。

① Tolu Oni

英国剑桥大学医学研究理事会流行病学组临床高级助理研究员。

电子邮箱:Tolu.Oni@mrc-epid.cam.ac.uk

非洲越来越多的城市居民(62%)生活在非正规条件下,无法获得基本的服务或公共福利设施,这使其面临更大的健康风险,而医疗卫生系统也无法提供他们负担得起的或全面的保障。非洲城市的无计划和无管理增长以及高贫困率,与传染病和非传染性疾病(no-communicable diseases,NCDs)风险增加等情况有关。例如,2013 年至 2035 年,非洲的糖尿病负担预计将增加 110%。导致这些疾病模式不断变化的因素具有复杂性,因此迫切需要采用一种系统化方法。

"健康城市"的方法是循证系统办法的一个例子,认识到通过改善环境、社会文化和经济条件以及行为改变,将会促进人口健康。虽然个人行为的改变在过去一直是健康促进战略的重点,但必须指出的是,这些城市风险可能会破坏改变行为的能力。这种做法的一个核心理念是,应将健康视为全面发展的一个核心部分。

2015 年,非洲联盟(the African Union,AU)通过《2063 年议程》,将其作为非洲发展的统一愿景。健康是全面发展的核心部分,如果不共同努力确保经济、环境和社会领域的干预措施不会对健康产生负面影响,就无法实现这一目标。除了仅仅限制对健康的不利影响之外,我们还有机会在所有部门中制定和支持健康公共政策,以共同承担责任。"健康城市"的方法在非洲城市中并不新颖。

20 世纪 90 年代,从阿克拉和班吉到开普敦和达累斯萨拉姆,数个非洲城市采用了这种系统化方法。尽管战略各不相同,但其中的一个核心组成部分是需要制定城市健康档案:不仅记录城市的健康状况,还有破坏健康的过程。然后利用这一档案制订城市健康计划,这是与各领域广大利益攸关方协商后制定的战略规划文件。鉴于过去 30 年城市化的显著增加,现在比以往任何时候都更需要这些部门间协作的办法。

《城市健康与平等研究提案》(RICHE)的建立是为了将来自多个领域的研究人员、从业者和决策者聚集在一起,共同制定和评估跨部门干预措施,以改善健康结果、复原力和解决非洲各地城市生活中各个阶段出现的问题。

2015 年,由奥尼(Oni)教授组织的城市健康与平等研究提案研讨会,汇集了在非洲城市健康领域具有丰富经验的研究人员、决策者和从业者。随后于 2017

年组织了一次城市健康研究人员、从业人员和决策者座谈会，以确定在整个非洲开展研究合作的机会，探讨健康城市的政策重点和需求，并就制定非洲城市健康培训课程提出进一步的意见。

这些研讨会确定了促进非洲城市健康的重点领域。

1. 肥胖和粮食不安全问题。 随着越来越多的人可以获得并取用糖、盐和精加工食品，非洲城市的饮食环境变化迅速。这种饮食变化与肥胖、糖尿病和心血管疾病的发病率不断上升有关。鉴于粮食不安全问题高发和肥胖率的上升并行，尤其是妇女肥胖率更高，研究发现，有必要同时干预粮食不安全和导致肥胖的饮食环境，并干预非正规的食品经济。有证据表明，孕前和围产期营养对胎儿健康以及随后从儿童到成年的健康至关重要。因此，需要采取营养干预措施来减少肥胖和改善粮食安全，特别关注以妇女为主的家庭、三岁以内儿童和女性青少年。

"……尽管非洲的疾病负担沉重而复杂，健康不平等程度很高，但城市健康和其公平性尚未成为非洲的主要研究对象和政策重点，许多非洲国家如南非，在解决这些问题方面远远落后。"(Oni et al., 2016)

2. 健康的城市环境。 住房质量差和城市规划不足与肺炎、腹泻、哮喘和肥胖等传染性疾病和非传染性疾病有关。系统方法考虑了《2063年议程》的第72b项行动纲领，该纲领要求确保非洲人能够获得像样的、负担得起的住房。通过提供健康饮食、充分的清除垃圾、环境卫生、通风和安全的体育活动等机会，从而确定能够创造健康的解决方案，这种方法比提供住房的物质结构和给予医疗服务权益更为有效，且要求确保这种住房机会能够促进健康与福祉。为此，在开普敦进行的研究正在探索将健康目标纳入住房政策的障碍和动因，以期找出支持共同制定健康的跨部门人居干预措施的证据。

3. 城市健康治理和政策。 这种系统方法需要在卫生和非卫生部门之间进行协调，并应根据个人和集体的身份、生活环境和城市政策等来形成。在制定和实施跨部门城市健康计划方面，关键缺口是缺少在政府各级各部门间推行人口健康问责制的跨部门执行小组。这突出了当地政府在设计和实施该计划方面建设能力的重要性。

4. 加强社区建设，促进健康城市。 在政策制定和实施的所有阶段，居民参与过程强调居民的生活经历,包括他们的能力、偏好和需求,这对解决城市健康的决定因素至关重要。妨碍公民参与的一个重大障碍是对改善健康的城市治理程序缺乏教育,这需要在任何城市健康战略规划中加以解决。

5. 迁移、城市化和健康。《2063 年议程》确认人口流动是非洲大陆的一个基本特征,并希望建立一个居民可以自由流动的非洲。对城市健康采取的系统办法辨识出迁移和流动可能对健康产生不利影响,并通过更好地了解循环迁移的模式和迁移每个阶段不同的健康风险情况,来考虑健康迁移和流动的时机;以及健康、经济和社会政策及系统对流动性做出最佳反应的方式。

最后,《2063 年议程》的愿景反映了对实现共同繁荣与福祉、统一与融合、建立一个公民自由且幅员辽阔的大陆的渴望,在这个大陆上发挥妇女和青年、男孩和女孩的充分潜力,摆脱恐惧、疾病和贫困。

《2063 年议程》的第一个愿景,在包容性增长和可持续发展基础上打造繁荣的非洲,使非洲国家在全球生活质量测评中名列前茅,让非洲人民过上高水平、高质量的生活,拥有全面的健康和福祉。这一愿景进一步认为城市是文化和经济活动的中心,在这里人们可以拥有负担得起的像样住房,包括住房信贷和所有基本生活必需品,如水、卫生设施、能源、公共交通和信息通信技术等。

除了摩天大楼和棚屋的景象,城市健康的系统方法揭示了城市隐藏的一面,揭示了影响健康的城市特征的本质,正如从城市风险中的所捕捉到的 8 个 S(见图 4.1):糖和盐(饮食环境)、安全住房和社会凝聚力、烟尘(室内和室外空气污染)和抽烟、睡眠和压力、运动和娱乐、环境卫生和水、物质和酒精滥用,以及(不安全)性行为。系统方法认识到,《2063 年议程》的这些愿景是相互关联的;如果不适当地考虑和重视利用适宜的城市特征促进健康的部门间战略,就不可能实现良好的健康和福祉。如果不关注人口中最脆弱的群体,就无法改善生活质量指标的执行情况。因此,实施这些战略必须从公平的角度出发,以确保政策实施能够触及弱势群体。

糖和盐

安全住房和社会凝聚力

烟尘和抽烟行为

睡眠和压力

运动和娱乐

环境卫生和水资源

物质和酒精滥用

性行为

图 4.1 影响健康的城市风险的 8S

8S 所代表的城市风险是一个复杂的相互关联的因素网络,往往有相互竞争的利益和诱因。除了仅仅解决这些问题外,利用这些问题促进健康和福祉,还需要一种系统方法,促进新形式的部门间对话和数据共享,并密切关注随之而来的权衡和利益。这要求重新审视健康城市的做法,吸取过去的经验教训,为非洲各地城市制订部门间健康促进计划。

系统方法可以进一步支持开发工具包来促进这一进程,以及促进和共享组织间科学的机制,确保生成的证据能够应对这些相互联系产生的问题,并促进在社区、城市、国家和区域支持各级跨部门科学/政策互动的过程。

参考文献

ONI T,SMIT W,MATZOPOULOS R,et al. 2016. Urban health research in Africa: Themes and priority research questions. Journal of Urban Health: Bulletin of the New York Academy of Medicine,93(4):731.

5

知识-行动系统分析方法
——促进城市可持续性和弹性转型

帝莎·A.穆诺兹·埃里克森(Tischa A. Munoz-Erickson)[①]

关键信息

1. 需要通过合作、整合和多行动者的网络方式的转型治理模式来帮助城市应对可持续性和弹性挑战。

2. 管理创新要求我们了解我们从哪里开始(例如,现有制度条件是如何运作的),以及治理中的创新和变更的潜在杠杆点在哪里。

3. KASA 是一种系统框架,用于帮助绘制当前的治理网络,评估这些网络的结构、社会偏好和知识系统在多大程度上促使或限制转型,并确定变革的杠杆点和干预措施。

4. KASA 在波多黎各圣胡安的应用表明,存在着各种各样的组织网络,包括公民组织,但网络中有些地方可能会对转型造成障碍,因此需要制度创新。

5. 除了分析治理结构之外,KASA 方法还允许对城市的思维方式进行考察——不同的治理行为者对城市了解怎样,他们是如何认识和体验这个城市的,以及他们对这个城市的设想。

① Tischa Muiioz-Erickson

波多黎各里约·彼德拉斯,热带林业国际研究所(IITF)社会科学研究员。

电子邮箱:tamunozerickson@fs.fed.us

恶劣的城市弹性挑战

在全球层面上，城市正越来越多地带头采取行动，应对可持续性和弹性挑战。然而，其中许多挑战，如气候变化、公共卫生和社会正义，都过于庞大、能动和复杂，市政府无法单独应对。治理和政策学者呼吁将自上而下的管理型政府模式转变为更具协作性、多行动者的网络模式。这种新的治理模式转型的特点是：

· 以系统为基础的灵活管理方法，消除机构界限，有利于机构整合与协调；

· "开放"的政府结构，在过渡道路的发展和转型中囊括多种意见、价值观和愿景；

· 知识、情景和战略的联产，政府官员、公民社会组织、私营企业和研究人员共同识别问题、产出知识，并通过协作、协同实施和适应进程，将这些知识转化为行动。

这些治理创新要求我们了解我们从哪里开始（例如，现有制度条件是如何运作的），以及治理中的创新和变更的潜在杠杆点在哪里。该项目力图通过制定以系统为基础的治理分析框架——知识－行动系统分析（the knowledge action systems action，KASA）来支持城市管理转型的研究、设计和实践。KASA 是一个跨学科的框架，用于帮助映射与可持续性和弹性相关的当前治理条件和网络，评估这些网络的结构、社会偏好和知识系统在多大程度上促使或限制转型，并确定变革的杠杆点和干预措施（Munoz-Erickson，2014）。通过使用来自机构、社会网络和知识系统分析的工具和方法，KASA 帮助城市行为者了解其城市的可持续性和弹性行为者的"地形"、政策举措等，并确定如何更好地在建立气候适应性方面进行联合与合作。具体来说，KASA 通过以下方式提供治理诊断。

· 描述参与城市治理的主要行动者（和未参与的），并评估他们的看法、愿景，应对可持续和弹性的优先行动。

· 寻找机会改善众多致力于城市可持续性和弹性工作的行动者之间的联系、知识共享与合作。

· 就预测未来不确定性所需的知识和能力的主要来源提供建议，并设想能够带来城市弹性和可持续性的潜在战略。

• 支持与多个城市从业者和利益相关者共同创建未来场景,为城市可持续发展和弹性转型制定愿景、目标和战略。

图 5.1A 显示了通过知识流连起来的所有组织。不同的节点权重意味着不同的中心性水平,节点越大,对知识流动的影响越大。图 5.1B 仅显示了网络中具有较高度中心性和中间度的中心行动者(例如,中间商)以及它们之间的互惠关系(橘色)。

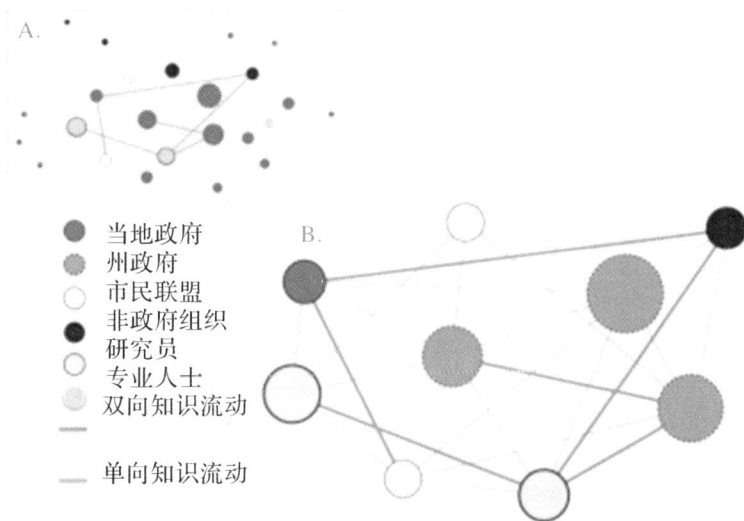

图 5.1　参与波多黎各圣胡安市土地使用管理的组织间的知识流动网络

［修改自文献（Munoz-Erickson&Cutts,2016）］

KASA 方法的例证:波多黎各圣胡安市的城市土地可持续性

2009 年,在波多黎各的圣胡安市,特别是在沿海地区和城市主要流域的森林源头,不断开发绿色空间并用于建筑和水泥空间,使得整个城市洪水灾害增多。尽管市政土地使用监管框架将保护这些绿地作为城市可持续发展的一部分,但不可持续的土地开发做法仍时有发生。

KASA 在圣胡安市的应用包括绘制和分析与土地利用规划和可持续性相关的组织和网络,在网络中流通的框架和知识,以及行动者对如何将知识应用在土地使用治理方面的影响（或能力）。虽然分析显示存在着各种各样的组织网络，包括公民组织，在涉及土地利用知识的生产和使用时，网络中的一些站点可能会对城市可持续性和弹性过渡的设计构成障碍，因此需要制度创新。这些障碍包括，例如，

  • 市政当局和州规划机构之间的知识流动严重中断，成为向州规划机构传播当地情况知识的障碍；

  • 市政当局的愿景和知识体系之间明显的权力不对称，包括城市规划的社会维度（例如，生活质量和平等目标）和宣称的城市作为地区经济实力节点的霸权观念；

  • 与土地使用规划及决策有关但与议程和战略的合作和结盟无关的，组织知识系统和功能的断裂；

  • 发现知识不对称，与国家行政管理相关的传统知识类型，如经济和技术专家政治的规划方法，在网络中比其他替代知识类型（例如，地方的、政治的、社会的，等等）有更大的影响力。

KASA 未来的发展方向

除了分析治理结构之外，KASA 方法还允许对城市的思维方式进行考察——不同的治理机构对城市的了解，他们是如何认识和体验这个城市的，以及他们对这个城市的设想。城市不仅仅是在物质上、机构上为城市人口提供基础设施和服务，更能高度聚集多样化的行动者及其知识系统，进而促进新的想法和创新网络。城市对极端事件的恢复力可持续性研究网络（UREx SRN），是由研究人员和实践者组成的一个国际网络，在美国和拉丁美洲的十个城市中通过可行动知识应对城市弹性和可持续性的挑战。它正在应用 KASA 方法来更好地认识城市弹性治理背景，以及不同的行动者如何展望和创新弹性城市的未来情景，并找出潜在干预措施来促进知识和治理体系的创新和变革，以实现恢复力和可持续性的转型。

参考文献

MUNOZ-ERICKSON T A. 2014. Co-production of knowledge-action systems in urban sustainable governance：The KASA approach. Environmental Science and Policy,37：182-191.

MUNOZ-ERICKSON T A,CUTTS B B. 2016. Structural dimensions of knowledge-action networks for sustainability. Current Opinion in Environmental Sustainability,18：56-64.

6

集体智慧和人工智能促进
城市健康与福祉：系统方法 3.0

弗朗茨·W.盖茨维勒（Franz W. Gatzweiler）[①]

关键信息

1.城市健康与福祉的复杂问题导致每年数百万人过早死亡,而且超出了个人解决问题的能力范围。

2.集体智慧和人工智能(CI＋AI)合作可以应对城市健康的复杂挑战。

3.系统方法(the systems approach,SA)是一种自适应、智能和创建智能的"数据代谢"机制,用于解决此类复杂的挑战。

4.成功创建集体智慧和人工智能的设计原则已经确定。数据代谢成本是限制因素。

5.面对无法处理的复杂城市健康问题,为了挽救生命,需要呼吁采取协作行动,通过下一代的系统方法来建立一个"城市大脑"。

---

① Franz W. Gatzweiler

中国厦门,全球科学项目—城市健康与福祉项目执行主任。

电子邮箱:gatzweiler02@gmail.com

城市健康与福祉的挑战

"随着世界的联系变得越来越紧密,通过各种电子通信技术,将地球上的所有人和计算机看作是全球大脑的一部分将变得越来越有用。作为一个物种,也许我们的未来将取决于我们如何利用我们的全球集体智慧来做出不仅聪明而且明智的选择。"(Maione,2015)

城市健康和福祉的许多问题,如污染、肥胖、老龄化、心理健康、心血管疾病、传染病、不平等和贫困(WHO,2016),具有高复杂度且超出个人解决问题的能力范围。生物多样性丧失、气候变化和城市健康问题以总体规模出现,且不可预测。它们是跨城市部门和规模的许多个体媒介及其环境之间复杂交互作用的结果。复杂的城市健康问题的另一个挑战是我们运用知识方法来认识和解决这些问题。我们面临的挑战是创造一种新的、创新的知识方法来认识和解决城市健康问题。当人类既成为问题的一部分,又成为解决方案的一部分时,将原因与效果或观察者与被观察物分离开来的实证主义方法就非常有效。

从复杂错综的事物中出现的问题只能通过应用控制复杂性的规则来共同解决。例如,必要多样性法则(Ashby,1960)告诉我们,我们的问题解决工具箱中需要尽可能多的多样性,因为有不同类型的问题需要解决,我们需要在各自的规模上解决这些问题。没有一个人拥有独自解决城市健康问题的智慧。

集体智慧和人工智能

集体智慧(collective intelligence,CI)是指通过共享知识,为解决共同问题而共同工作的一群人的智慧。这对于应对复杂性和不确定性带来的挑战至关重要,因为它的存在超出了个人解决问题的能力范围。集体智慧的设计原则被称为"基因"(Malone et al.,2010)。根据这些"基因",我们可以找到需要做什么,为什么要做,如何做,以及由谁做等问题的答案。例如,驱动动机的"基因",如爱和荣誉,是在 Linux 操作系统的集体开发中成功运行的原则。Ostrom(2005)将其称为"设计原则"。维基百科、TEDx、德雷克塞尔大学的城市健康合作组织和密歇根理工学院的气候合作实验室都是集体智慧的额外例子。

我们现在知道，比之分阶层、国别或市场，人们更善于集体解决共同问题。对于共同面临的问题的互动、沟通和感知是必要的先决条件。较小规模的和同阶层的群体往往是颇为助益的，然而，广泛参与决策、强大的人际交往能力、女性参加和群体组成的多样性（Malone & Klein，2007），均与集体智慧密切相关。用同一种语言交谈，分享思维模式和概念（Dyball & Newell，2015），来定义挑战并认识它们之间的相互关联，从而生成更好的解决方案。个体智能或专家智能的成功仅仅取决于第一次做出决定或决策者从过去的错误中吸取教训时所处的环境。Katsikopoulos 和 King（2010）发现群体通常是更为聪明的决策者，而个体只有在依赖之前的决策结果时才会成功。因此，根据定义，为了达到一个不同的范式，我们必须关注集体智慧。

人工智能（artificial intelligence，AI）的出现是为了通过高性能计算处理大数据和机器学习来改进知识创造。由于智能的演进，降低了数据处理和学习的成本。人工智能使数据转化为知识的速度更快，成本更低。在人工智能的辅助下，一大群人可以更好地交流和集体行动。目前已有多个例子向我们展示了集体智慧和人工智能是如何共同运作的（CI＋AI），使人们能够认识和解决全球范围内的城市和地球健康的复杂问题（Weld et al.，2014）。

创建集体智慧和人工智能的关键是交换和处理信息的成本。数据处理、交互和集体行动是构建 CI＋AI 的最大挑战，因为成本本质上是由群体规模决定的。随着群体越来越庞大，信息交流、数据流动、数据处理和协调集体行动变得更加难以管理，且更加昂贵。

在过去，等级制度（以及等级内的模块化）的演变源于对解决大规模社会问题的需求，克服了群体规模增大时（Powers & Lehmann，2017）边缘智力随之降低的同等障碍，成为网络性能和适应性的重要驱动因素（Mengistu et al.，2016）。

在当今快速变化的环境和不断发展的社会中，统治阶层继续面临着不断增加的信息处理成本。因此，他们转向了分层参与式网络来解决复杂、不确定和动态的问题。类似于多中心组织（Aligica & Tarko，2012），组织形式有多个指挥中心，适应日益增长的参与性文化、自主性、高水平的自我决定以及持续对话（一种更有利于建立集体智慧的结构）。"层次结构的力量在于它们的灵活性和创新能力"(Schwaninger,2006:31)。

系统方法的发展演化

为更好地认识和解决城市健康的复杂问题,制定了城市健康和福祉(Gatzweiler et al.,2017; Bai et al.,2016)系统方法(SA)。它结合了系统研究方法和模型来认识由于复杂性和利益相关者参与而出现的问题。生态隔离信托基金会(Ecological Sequestration Trust)成功地开发了复杂的城市健康问题(如复原力)的参与式模型。原则上来说,系统方法是在各种社会、生态、地域、技术或网络空间的嵌套系统中工作的适应性、递归性、认知机制。系统方法是一个协同进化(我们称之为"数据代谢")的过程,将数据转化为知识,将知识转化为程序上和结构上的变化(简称为人类主体间的"行动"),以应对外部系统的变化。系统方法的机制是发展演化的驱动力。

系统方法通常在生物学、知识产出或社会组织和行动中发挥作用。它可以被看作类似于扰沸理论所描述的自适应循环过程(Gunderson & Holling,2001)——一个由两个相互强化的过程驱动的机制:把复杂的整体分解成更小部分的分解过程,以及合成代谢过程的重建。工作的过程可以被描述为智能和自创智能。它促进了集体智慧和人工智能的建立,反过来还需要这两种智能来进行数据处理、知识创造和行动(Komninos,2008)。

系统方法其本身也在演变。它的发展演化(见图 6.1)以数据收集和处理机制为特征。这些过程最有可能在信息交换和流动的成本最低的地方和时间发生。成本越低,数据代谢过程的阻力越低,系统方法的表现越好。因此,系统方法不仅推动系统的演化,而且还推动自身发展演化。它的发展路径是沿着阻力最小的路径进行的,类似于闪电中的电压穿过大气层的路径。

在系统方法的演化过程中,SA1.0 解决了社会生态技术系统(scio-ecological-technological systems,SETS)的复杂性问题,因为它结合了复杂性建模和利益相关者的参与。这个过程的成本可能非常高,特别是当将参与的专家和公民聚集在一起,创建对问题的共同理解,并交流共同的目标和结果时。

计算机化的
系统工具　　　　游戏　　　　　人工智能

SA1.0　　　　　SA2.0　　　　　SA3.0

利益相关　　　公民及决策者　　　集体智慧
者参与　　　　加入游戏

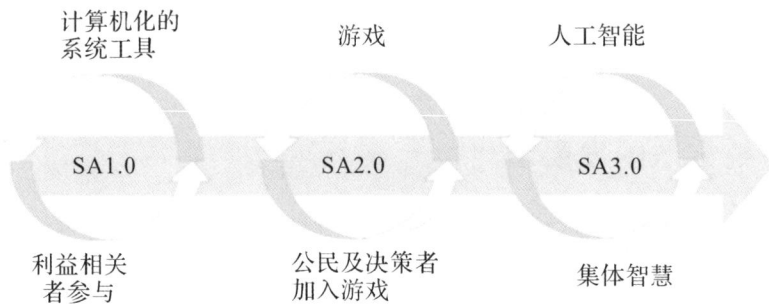

图 6.1　系统化方法的发展演化，从 SA1.0 到 SA3.0

然后，SA2.0 出现在任何其他替代方法中，作为其数据代谢方面最具成本效益的方法。它将参与的公民纳入模型，模拟城市健康问题出现的环境。在 SA1.0 中被称为"虚拟模型"的东西现在进入了现实世界，参与其中的公民玩这类游戏。通过反复操作，人类个体学会了如何比以前更好解决复杂问题。个人和集体的智慧有待提升并且新技能有待开发。例如，城市开发者可以通过玩《模拟城市》《都市天际线》或美国国际商用机器公司的《第一城》进行学习，独立国家管理层可以通过运用"生态政策"来学习。

行动呼吁：SA3.0 和城市大脑

中国围棋的顶级棋手输给了谷歌（Google）DeepMind 团队开发的人工智能机器人，前者使用的是直觉的知识，而直觉曾被认为是人类独有的特质。由埃隆·马斯克（Elon Musk）的 Open AI 团队开发的人工智能，近期在多人在线游戏 DOTA2 中击败了某世界冠军，这一事迹向我们展示了机器可以超越人类的事实。人类不仅仅是在调校机器，同时也在向机器学习。

SA3.0 是系统方法发展演化的下一个阶段。通过应用人工智能，将进一步推进人类的学习过程。在 SA3.0 中，集体智慧和人工智能相互支持，为解决城市健康和福祉问题，将在复杂的问题解决过程中产生更好的解决方案。人工智能的算法可以改善数据的处理和学习过程，而现实社会中的规章制度可以为集体智慧的建立提供支持。SA3.0 将成为一种推动 CI＋AI 相互增强的机制，以塑造城市的集体大脑：

(CI＋AI)×SA3.0＝城市集体大脑

与 CI 和 AI 创新者携手工作,将通过应用 SA 的各种变体来提高城市大脑的学习曲线,以构建城市智能——有弹性且为其居民的健康和福祉能够适应变化的智慧城市。面对每年数以百万计的过早死亡人数,我们必须呼吁采取合作行动,应用 SA3.0 来构建城市集体大脑,以克服我们今天的城市世界中存在的日益增加的城市健康和福祉风险。

参考文献

ALIGICA P D, TARKO V. 2011. Polycentricity: From Polanyi to Ostrom, and beyond. Governance, 25(2):237-262.

ASHBY W R. 1960. Design for a Brain:The Origin of Adaptive Behavior. London: Chapman and Hall.

BAI X, SURVEYERA, ELMQVIST T, et al. 2016. Defining and advancing a systems approach for sustainable cities. Current Opinion in Environmental Sustainability, 23: 69-78.

DYBALL R, NEWELL B. 2014. Understanding Human Ecology: A Systems Approach to Sustainability. London and New York: Routledge.

GATZWEILER F W, ZHU Y G, DIEZ ROUX A V, et al. 2017. Advancing Health and Wellbeing in the Changing Urban Environment: Implementing a Systems Approach. Hangzhou: Zhejiang University Press & Singapore: Springer.

GUNDERSON L H, HOLLING C S. 2002. Panarchy: Understanding Transformations in Systems of Humans and Nature. Washington, Covelo, London: Island Press.

KATSIKOPOULOS K V, KING A J. 2010. Swarm intelligence in animal groups: When can a collective out-perform an expert? PLoS ONE, 5(11): e15505.

KOMNINOS N. 2008. Intelligent Cities and Globalisation of Innovation Networks. London, New York: Routledge.

MALONE T W KLEIN M. 2007. Harnessing collective intelligence to address global climate change. Innovations: Technology, Governance, Globalization, 2(3):15-26.

MALONE T W, LAUBACHERR, D A. 2010. The collective intelligence genome. Sloan Management Review, 51(3): 21-31.

MALONE T W. 2015. Building better organizations with collective intelligence: Webinar. [2017-08-14]. https://www.youtube.com/watch? v=hu4ZXr40bSA.

MENGISTU H H J, MOURET J B, et al. 2016. The evolutionary origins of hierarchy. PLoS Computational Biology, 12(6): e1004829.

OSTROM E. 2005. Understanding institutional diversity. UK and New Jersey: Princeton

University Press.

POWERS S T,LEHMANN L. 2017. When is bigger better? The effects of group size on the evolution of helping behaviours. Biological Reviews of the Cambridge Philosophical Society,92:902-920.

WELD D S,MAUS AM L C,et al. 2014. Artificial Intelligence and Collective Intelligence. [2017-08-14]. https://homes. cs. washington. edu/~weld/ papers/ci-chapter2014. pdf

World Health Organization. 2016. Global Report on Urban Health: Equitable,Healthier Cities for Sustainable Development. Geneva:WHO.

7

SALURBAL（拉丁美洲城市健康）项目
——创造更健康的未来

SALURBAL 团队[①]

关键信息：

1. 拉丁美洲是世界上城市化程度最高的地区之一，包括许多大小不一，经济、社会和物理环境各异的城市。

2. 拉丁美洲地区还存在着巨大的社会不平等，表现为城市内部和城市之间严重的健康不平等。

3. 该地区在城市发展、交通、社会包容性和推广健康行为等领域试验了一系列创新性政策举措，但很少对健康影响进行量化。

4. SALURBAL（拉丁美洲城市健康）项目是拉丁美洲第一个系统调查拉丁美洲城市中与改善健康和减少健康不平等有关因素的项目。

5. 该项目的新颖之处在于采用各种方法研究城市健康与环境可持续性之间的联系，并采用多种方法（观察、政策评价、自然实验和系统方法）来评价健康影响和制定有发展前景的城市政策。

6. 在 5 年内，SALURBAL 项目将与科学家、政策制定者及民间团体的其他部门一起来确定关键研究问题，并推广研究结果。

---

① SALURBAL 团队
拉丁美洲城市健康工作组。
电子邮箱：uhc@drexel.edu

拉丁美洲是世界上城市化程度最高的地区,该地区 80% 的居民集中在城市,预计到 2050 年将跃升至 90%(United Nations,2014)。同世界各地其他城市一样,拉丁美洲城市的健康是社会、经济和物理环境复杂相互作用的结果。不同的种群、巨大的社会不平等和空间划分造成并加剧了严重的健康不平等。环境可持续性和人口健康是相辅相成的,有利于可持续环境的因素能够促进健康,而更健康的行为也会对环境产生有益的影响。

该地区面临着与社会不平等、慢性病和老龄化、新发传染病、暴力和伤害相关联的健康风险(Briceno-Leon,2005;Mutaner et al.,2012;Vilalta et al.,2016)。拉丁美洲约有五分之一的城市居民生活在贫民窟或非正式定居点(世界银行,2017;联合国人居署,2012)。拉丁美洲是世界上谋杀率最高的地区,平均每 10 万居民中就有 24 名受害者(UNODC,2013)。该地区也是交通事故死亡率和致残率最高的地区之一(Haagsma et al.,2015)。

心脏病、癌症、糖尿病和呼吸系统疾病仍然是该地区居民过早死亡的主要原因,占所有死亡人数的 81%(PAHO,2014)。缺乏体育锻炼(Arango et al.,2013;Gomez et al.,2015)、精加工食品食用过多和肥胖(Fishberg et al.,2016),以及持续的营养不良(World Bank,2005)等这些现象在拉丁美洲的城市中共存。与许多城市的快速发展伴随出现的是有限的规划程序、不断增长的汽车交通和糟糕的空气质量(Fajersztajn et al.,2017)。

SALURBAL 项目的一个特别新颖之处在于使用系统方法深入了解一系列动态过程如何共同影响健康和环境可持续性。该项目将运输和食品环境作为系统建模的领域,基于以下原因:①所涉及的动态关系;②该地区的政策利益;③与可持续发展目标的相关性。模拟模型将使我们不仅能确定可能的影响范围,而且还能确定这些影响出现的条件,并确定任何意想不到的后果。这对世界其他地区尤其重要。

一系列的参与式小组模型构建研讨会将使得主要利益攸关方能够从概念上描绘出一个城市的交通选择和食品政策影响健康的多种途径。在这些会议中产生的概念图和因果循环图将被用来为项目第二阶段正式模拟模型提供信息。SALURBAU 项目的研究结果将对政府官员、公共卫生从业者、城市规划者、社会和经济发展组织以及公众产生一系列相关的政策影响。

该项目将把研究成果转化为可付诸行动的知识，并通过在项目所有阶段直接参与、知识交流、沟通和推广，使学术界和民间团体的决策者和其他利益攸关方参与进来（见图 7.1）。

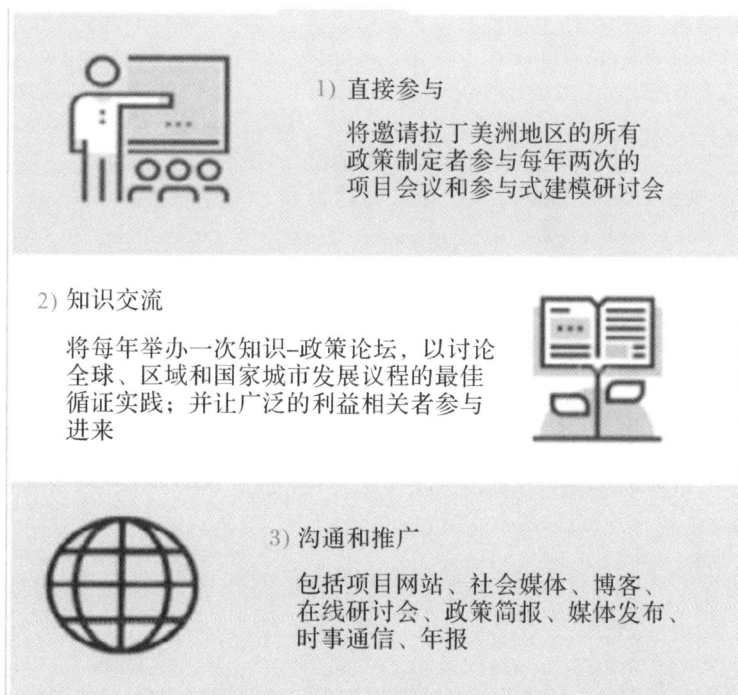

1）直接参与

将邀请拉丁美洲地区的所有政策制定者参与每年两次的项目会议和参与式建模研讨会

2）知识交流

将每年举办一次知识-政策论坛，以讨论全球、区域和国家城市发展议程的最佳循证实践；并让广泛的利益相关者参与进来

3）沟通和推广

包括项目网站、社会媒体、博客、在线研讨会、政策简报、媒体发布、时事通信、年报

图 7.1　SALURBAU 项目计划政策的转化活动

此外，与包括政策制定者和民间社会组织在内的非学术性合作伙伴的接触将为持续的系统研究和评估建构能力和基础设施。SALURBAL 项目在其跨学科和跨国家网络方面是前所未有的，为促进比较城市健康研究的未来项目提供了一个模型。同样，SALURBAL 项目将首次汇编和协调大规模数据，这将使今后在各种领域进行创新的政策评价成为可能。

拉丁美洲城市化的规模、各城市的异质性和创新的政策格局，使其非常适合研究城市环境和健康。因此，SALURBAL 将生成可应用于拉丁美洲地区内外政策的通用知识，用以改善世界各地城市的人口健康、增加健康公平和促进环境可持续性。

参考文献

ARANGO C M, PAEZ D C, REIS R S, et al. 2013. Association between the perceived environment and physical activity among adults in Latin America: A systematic review. International Journal of Behavioral Nutrition and Physical Activity, 10(1):122.

BECERRA J M, REIS R S, FRANK L D, et al. 2013. Transport and health: A look at three Latin American cities. Cadernos de Saúde Pública, 29: 654-666.

BISHAI D, PAINA L, LI Q, et al. 2014. Advancing the application of systems thinking in health: Why cure crowds out prevention. Health Research Policy and Systems, 12 (1):28.

BRICENO-LEON R. 2005. Urban violence and public health in Latin America: A sociological explanatory framework. Cadernos de Saúde Pública, 21:1629-1648.

FAJERSZTAJN L, SALDIVA P, PEREIRA LA, et al. 2017. Short-term effects of fine particulate matter pollution on daily health events in Latin America: A systematic review and meta-analysis. International Journal of Public Health, 62(7):729-738.

FISBERG M, KOVALSKYS I, GOMEZ G, et al. 2016. Latin American study of nutrition and health (ELANS): Rationale and study design. BMC Public Health, 16(1):93.

GALICIA L, DE ROMANA D L, HARDING K B, et al. 2016. Tackling malnutrition in Latin America and the Caribbean: Challenges and opportunities. Revista Panamericana de Salud Pública, 40(2): 138-146.

GOMEZ L F, SARMIENTO R, ORDONEZ M F, et al. 2015. Urban environment interventions linked to the promotion of physical activity. A mixed methods study applied to the urban context of Latin America. Social Science & Medicine, 131(1982):18-30.

HAAGSMA J A, GRAETZ N, BOLLIGER I, et al. 2016. The global burden of injury: incidence, mortality, disability-adjusted life years and time trends from the Global Burden of Disease study 2013. Injury Prevention, 22(1): 3-18.

JENNINGS V, FLOYD M F, SHANAHAN D, et al. 2017. Emerging issues in urban ecology: Implications for research, social justice, human health and well-being. Population and Environment, 34(1):9-11.

JIRÓN P. 2013. Sustainable urban mobility in Latin America and the Caribbean. Global Report on Human Settlements 2013. (2013-06) [2018-08-29]. https://unhabitat. org/wp-content/uploads/2013/06/GRHS. 2013. Regional. Latin_. America. and_. Caribbean. pdf

MCGURIKJ. 2015. Radical Cities: Across Latin America in Search of a New Architecture. New York and London: Verso.

MUNTANER C, ROCHA K B, BORRELL C, et al. 2012. Clase socialy salud en America Latina. Revista Panamericana de Salud Publica, 31: 166-175.

PAHO. 2014. Plan of Action for the Prevention and Control of Noncommunicable Diseases in the Americas 2013—2019. [2018-8-20]. http://www. paho. org/hq/index. php? option

=com_docmaii&.task=doc_view&.Itemid=270&.gid=27517&.lang=en.

PAHO. 2015. Health in All Policies: Case Studies from the Region of the Americas. [2018-8-20]. http://www. paho. org/hq/imlex. php7optioii = comdocman&.task = doc_view&.Itemid=270&.gid=31079&.lang=en.

PETERS D H. 2014. The application of systems thinking in health: Why use systems thinking? Health Research Policy and Systems,12(1):51.

ROUX A V D. 2015. Health in cities: Is a systems approach needed? Cadernos de Saude Publica,31: 9-13.

RYDIN Y,BLEAHU A,DAVIES M,et al. 2012. Shaping cities for health: Complexity and the planning of urban environments in the 21st century. Lancet,379(9831):2079-2108.

SARRIOT E G,KOULETIO M,JAHAN S,et al. 2014. Advancing the application of systems thinking in health: Sustainability evaluation as learning and sense-making in a complex urban health system in Northern Bangladesh. Health Research Policy and Systems,12 (45).

United Nations Human Settlement Programme. 2012. The State of Latin American and Caribbean Cities 2012. Towards a new urban transition. Nairobi: UN-Habitat. [2018-9-30]. https://unhabitat. org/? mbt_book=state-of-latin-american-and-caribbean-cities-2.

United Nations. World Urbanization Prospects: The 2014 Revision. 2014. New York: UN. https://esa. un. org/unpd/wup/publications/files/wup2014-highlights. pdf.

United Nations Office on Drugs and Crime. Global Study on Homicide 2013. 2014. Trends, Contexts. Data. Vienna: UNODC. [2019-05-23]. https://www. unodc. org/documents/gsh/pdfs/ 2014_GLOBAL_HOMICIDE_BOOK_web. pdf.

VILALTA C J,CASTILLO J G,TORRES J A. 2016. Violent crime in Latin American cities. [2018-05-06]. https://publications. iadb. org/handle/11319/7821.

World Bank. 2005. The Urban Poor in Latin America. Washington,D. C. ,US: World Bank. [2018-05-06]. http://siteresources. worldbank. org/ INTLACREGTOPURBDEV/Home/20843636/UrbanPoorinLA. pdf.

World Bank. 2017. Population living in slums (% of urban population). Washington,D. C. ,US: World Bank. [2018-05-06]. http://data. worldbank. org/indicator/EN. POP. SLUM. UR. ZS.

8

抗生素耐药性映射中国城市的健康风险

朱永官[①]

关键信息

1. 抗生素耐药性(antimicrobial resistance, AMR)正在成为中国城市的一个严重健康风险。

2. 与传统的化学污染物不同,抗生素耐药基因可以通过细菌的传播和扩散在环境中增强,并在生物体之间传播(水平基因转移)。

3. 城市污水处理厂(urban waste water treatment plants, WWTPs)是由人类使用抗生素和其他有毒化学物质排放引起的抗生素耐药性的研究热门地点。

4. 这就要求采取紧急行动,防止通过快速城市化传播抗生素耐药性。

5. 减少抗生素耐药性风险的系统方法包括发展监测能力、公众意识和培训、制订多部门行动计划,以及国际合作。

---

① 朱永官

中国厦门,中国科学院院士,中国科学院城市环境研究所学术所长。

电子邮箱:ygzhu@iue.ac.cn

抗生素耐药性(AMR)是微生物(如细菌、病毒和寄生虫)在频繁接触抗菌药物的情况下产生的特性,这些微生物会对抗生素产生抗性,从而成为所谓的"超级细菌"。抗菌药物的过度使用和滥用加速了耐药微生物的出现(WHO,2015)。抗生素耐药性正在威胁全世界的人类健康。抗生素在人和动物中的广泛使用是抗生素耐药性产生和传播的主要选择驱动力。抗生素耐药性是抗菌药物耐药性的一种严重形式。在临床环境中,耐抗生素病原体出现的频率很高。特别是,人类粪便中频繁出现的耐多种抗生素的"超级细菌"可能会导致回到抗生素前时代。如果这一趋势持续下去,越来越多的感染无法再用现有的药物来治疗。

目前,抗药性传染病每年在全世界造成约 70 万人死亡。

(*Science*,2016)

城市污水处理厂(WWTPs)每天接收和消化数百万吨生活污水。成年人的肠道菌群中含有大量的耐药基因。因此,在城市污水处理厂中,特别是未经处理的流入污水,可能是演变和传播从人类衍生的抗药基因到自然环境的关键枢纽。

在中国,已经建成了 3700 多个城市污水处理厂,处理城市污水的综合能力为每天 1570 亿升。在这些设施中,数以万计至数十万人的污水形成了一个巨大的生物反应器,细菌和耐药基因暴露在高浓度的选择性药剂中,如抗菌剂、消毒剂和重金属。就这一点来说,在污水中检测到的耐药基因可以被视为代表其城市人口的耐药负担。因此,污水的耐药特性反映了污水集水区城市居民胃肠道耐药菌的结构和多样性。在全国范围内对污水(未经处理的进水)中的耐药性因素进行调查,可以为评估城市人口的抗生素耐药性负担提供一种快速和有效的方法。

到 2050 年,中国抗生素耐药性将每年可能导致一百万人过早死亡并给中国造成 20 万亿美元损失。

(Wellcome Trust,2017)

　　中国科学院城市环境研究所和香港大学的一组科学家在中国进行了一项全国性调查，以解决所有抗生素抗性基因（耐药基因组）随季节和地区的分布情况。在他们的研究中，对中国 17 个主要城市的城市污水进行了大规模采样。在夏季和冬季，共从 32 个城市污水处理厂中采集了 116 个城市污水样本，并专门选择了采样点，以反映不同的气候条件、经济发展水平和城市地理状况。结合宏基因组学分析和 16S 核糖体核糖核酸（rRNA）的基因测序，对城市污水抗生素抗性组的季节变化和地理分布进行了表征。

　　研究表明，城市污水中含有丰富多样的抗性基因。共检测到 381 个不同的耐药基因，几乎对所有抗生素都具有耐药性，且这些基因在全国范围内广泛共生，不存在地理聚类，说明城市污水可能是抗生素耐药基因向环境转移的主要渠道。

　　研究还观察到抗性基因丰度随季节变化，夏季平均浓度为 3.27×10^{11} 份数/升，冬季平均浓度为 1.79×10^{12} 份数/升。全球比较和风险评估是接下来的步骤，因为目前我们只有较大规模信息中的有限信息。细菌群落没有显示出地理上的群集，但是显示出了显著的随距衰减关系，这意味着在更远的地方，在形态上会有更多的不同。研究人员还发现，核心的人类肠道菌群与共有耐药基因组密切相关，证明了人类肠道菌群通过污水处理对抗性元素传播的潜在促成作用。重要的是，本研究发现精氨酸酶（ARG）丰度在各行政区域的分布具有很强的空间依赖性，根据基于气候成带现象和种群密度的人口统计学"胡焕庸线"分隔为两个主要区域。这表明，监测污水系统中的 ARGs 可以实时估计特定地区的抗生素耐药性威胁，而这反过来可以用于为治疗提供信息并促进抗生素管理。

　　检测和测量抗生素耐药性对于了解其对人类健康产生不利影响的潜力至关重要。获得大规模城市污水中抗生素耐药性的监测数据，确定抗生素耐药性环境宿主和对人类、动物和其他生物构成潜在健康风险的途径，是实施抗生素耐药性系统方法的重要组成部分。

　　这一对中国城市污水中抗生素耐药性的详细分析，显示了耐药性在中国造成的巨大负担，应在加大控制抗生素耐药性方面付出更多努力。鉴于全球对抗生素的耐药性日益增强，以及已记录的与不当使用此类抗生素有关的健康问题，这项研究对中国等国家的公共卫生政策具有重大意义。系统方法为研究耐药性要素的环境传播提供了基础,并提出了利用污水中丰富的耐药基因作为抗生素管理工具的可能性。

中国主要城市的人类抗生素耐药性排放分布图显示,需要采取紧急行动解决这一问题。应制定减轻抗生素耐药性的新管理方法,并且,必须收集国家和地方抗生素耐药性数据并向公众提供,以加强抗生素耐药性监测系统。抗生素管理是预防和控制抗生素耐药性的重要工具。

2016 年 8 月,中国公布了《抗生素耐药性国家行动计划》。作为降低抗生素耐药性风险的系统方法的一部分,建议采取以下行动,以降低抗生素耐药性的健康风险——不仅仅针对中国城市:

- 制订国家多部门行动计划
- 研制新抗生素
- 仅凭医生处方销售抗菌药物
- 提高公众和决策者对抗生素耐药性的认识
- 改进关于安全使用抗菌药物的公共信息
- 增加对医疗专业人员和消费者关于正确使用抗菌药物的培训和教育
- 建立抗生素耐药性监测系统
- 对无处方销售抗菌药物的行为执行规管
- 加强防治抗生素耐药性方面的国际合作与交流

后 记

此项研究近期发表在《微生物组学》杂志上,得到了中国自然科学基金会和中国科学院(Chinese Academy of Sciences,CAS)的大力支持。

参考文献

McLaughlin K. 2016. China tackles antimicrobial resistance. Science,doi: 10. 1126/science. aah7247.

SU J Q,AN X L,LI B,et al. 2017. Metagenomics of urban sewage identifies an extensively shared antibiotic resistomein China. Microbiome,5(1):84.

Wellcome Trust. 2017. Drug-Resistant Infections：Leading the Global Response. ［2018-08-28］. https：//wellcome. ac. uk/what-we-do/our-work/drug-resistant-infections.

Xiao Y H，Li L J. 2016. China's national plan to combat antimicrobial resistance. The Lancet Infectious Diseases，17：1216-1218.

9

系统方法在资助和实践弹性城市中的应用
——以贝鲁特城市为例

刘洁玲[①]

关键信息

1. 综合的城市环境有利于健康,这是弹性城市的最终目标。在贝鲁特,城市化速度过快超过了适当的规划,这一问题日益受到挑战。

2. 改善贝鲁特的健康状况被列为优先事项,重点是规划公共交通、绿色和公共空间以及步行友好空间。每一项都可以成为在贝鲁特采取系统方法进行城市恢复的切入点。

3. 在贝鲁特解决这一优先事项可有助于改善城市健康和福祉,并实现《2030 年路线图》,使城市区域健康、有活力和可持续的发展。

4. 由贝鲁特阿拉伯大学(BAU)、生态隔离信托基金会(TRUST)和城市健康与福祉项目(UHWB)提出的综合协作系统建模和实施方法可以改进规划,以解决和贝鲁特相互关联的城市健康问题。

5. 为在贝鲁特利用复杂性来构建弹性,从研究到筹资和执行,应考虑到不同的社会文化概况和独特的发展阶段。

6. 知识—行动转换需要从网络(KANs)延伸到系统(KASs),并纳入提交融资,以制订长期弹性可执行性计划。TRUST 的弹性经纪项目可以推进这一进程。

① 刘洁玲
葡萄牙里斯本大学社会科学研究所变化与可持续发展政策组。
电子邮箱:jielingliu@campus.ul.pt

贝鲁特城市化背景

在过去的 50 年里,由于农村迁移、郊区化、战争转移和难民涌入等驱使,黎巴嫩连续经历了一波又一波的快速城市扩张。全国人口中 87% 以上均生活在城市地区,估计 64% 居住在贝鲁特和的黎波里大都市地区的大聚集区(UN-HABITAT,2016)。首都贝鲁特正面临水、土壤和空气等多重城市环境污染挑战,且随着气候变化和人口压力及难民的大量涌入而加剧。城市中缺乏步行和锻炼的绿色和公共空间,并且严重依赖私人交通工具,这已经被认为是贝鲁特待解决的最明显且最紧迫的城市健康问题。城市的规划容量已被这些本质上极为复杂的挑战所淹没。

因此,有人建议贝鲁特市采取一种全面和系统的视角,并结合各级机构、实践和程序共同管理城市规划,发布城市政策并提供高质量服务,以应对复杂而相互关联的城市健康挑战。在应对处于不平等发展阶段的多元文化社区方面,处理贝鲁特的城市健康和福祉问题是微妙的。然而,各种各样的挑战,如果通过系统方法来解决,也意味着找到解决方案的可能性很大(Gatzweiler,2017)。

良好的健康和福祉是城市环境可持续性最直接的指标和基本目标,这一信息反应在许多全球性和地方性承诺中。对于贝鲁特市,城市弹性总体规划是根据 2015—2017 年的全面风险评估和规划过程而制定的,旨在加强对多重灾害风险的理解,发展城市的准备和反应能力,更好地支持和推动需要保护生命和资产所需的市级投资计划。

2017 年 4 月专题讨论会

出于同样的目的,贝鲁特阿拉伯大学(Beirut Arab University,BAU)与国际科学理事会(International Science Council,ISC)城市健康与福祉项目协作,于 2017 年 4 月 26 日至 27 日举办了一场跨学科的专题讨论会,主题为"城市健康和福祉:推进系统、科学和技术"。与会者包括国际科学理事会项目的成员和赞助者、生态隔离信托基金会(TRUST)的首席执行官以及贝鲁特阿拉伯大学的城市科学专家,共同确定了改善贝鲁特城市健康和福祉的优先事项。

四月专题讨论会向与会者介绍了系统方法的基本原理,通过使用计算机支持的系统工具,以及与学者、专业人士和公民的参与过程,促进知识创造和有效行动。在这个研讨会中,与会者:

• 同意需要系统方法来有效控制城市复杂性,并改善贝鲁特市的健康和福祉;

• 拟订一份初步的优先行动领域清单;

• 强调建模平台对于说明城市复杂性以及促进实施可持续发展优先事项的协同行动方面的价值;

• 决定于 2017 年 10 月举办研讨会,进一步探索系统方法,并建立适合贝鲁特的协同系统模型;

• 决定于 2018 年举办关于实施城市健康与福祉系统方法的国际会议。

2017 年 10 月研讨会

弹性战略和相关行动计划的实施,如前述贝鲁特市的城市弹性总体规划,有望改善贝鲁特居民的健康和福祉。特别是计划在基础设施、风险防范和恢复能力方面的投资,通过在某种程度上保障淡水、卫生设施和能源的可用性并提高流动性,可以降低贝鲁特居民承受自然和人为灾害时的脆弱程度,包括与气候、流行病学和人口变化有关的风险。这些对恢复力的投资还将有助于包容性地实施可持续发展目标(SDGs)和新城市议程(NUA),最重要的是可以改善人类健康和福祉、减少贫困和为所有人提供负担得起的住房。为保障恢复力而付出的巨大努力能否取得成功,取决于是否采用综合的系统方法,这是科学界和政策学界日益所认可的事实。

因此,2017 年 10 月举行的第二届研讨会旨在制定《2030 年路线图》(TRUST),为实现商定的全球目标制订一项行动计划,并实施《新城市议程》

（NUA）和《贝鲁特城市弹性总体规划》。其目标还在于将系统思维应用于城市健康和福祉挑战，包括在起草贝鲁特执行计划的整个过程中模型的开发和应用。最后，研讨会旨在加强能力建设，并为 2018 年 9 月在贝鲁特阿拉伯大学举行的国际会议做出贡献。

参加 2017 年 10 月研讨会的合作伙伴和与会者有：

• 贝鲁特阿拉伯大学（BAU），由城市科学专家作为代表，愿景是建立城市健康中心。

• 国际科学理事会（ISC）城市健康和福祉项目（UHWB），由其执行主任和项目科学委员会的成员作为代表。

• 生态隔离信托基金会（TRUST），由其首席执行官和平台交付负责人作为代表。

成果 1：应用系统方法构建城市弹性

产生公共健康和福祉问题的城市和环境背景是相互联系且复杂的。因此，对健康和生活质量的影响的代价可能是巨大的。在提供人道主义或发展解决方案之前，了解构成城市的各层次的经济、文化、政治和生态要素以及构成城市的利益相关者是很重要的。这种城市的复杂性可以被正确地捕捉到，并以系统方法为模拟,与科学协作,共同生成改善城市健康和福祉的知识。

由于贝鲁特面临着多种复杂的城市环境挑战,使用系统方法可以帮助贝鲁特更好地利用城市的复杂性(见图 9.1),促进数据精准的跨学科智能,以使城市规划和政策制定与多样化的利益相关者之间的不同水平进行协同,从而产生可以创建贝鲁特弹性的解决方案。

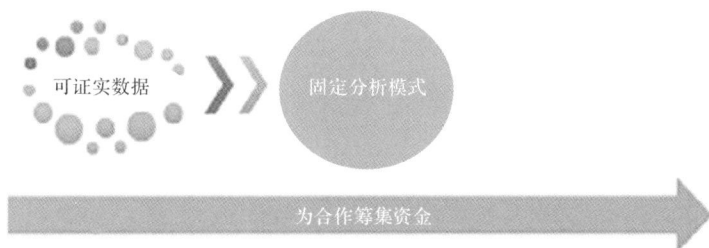

图 9.1　为利用复杂性进行弹性构建而提出的架构

为利用复杂性进行弹性构建而提出的架构

在关于"在贝鲁特城市区域实施弹性构建"的第二届贝鲁特研讨会上,与会者阐述并展示了一种增进健康和福祉的方法。该架构旨在利用复杂性实现弹性建构,包括以下四个同等重要的部分:

• 在城市系统中采用跨部门和机构的系统方法,从而获得基于证据的跨学科知识;

• 可以保证数据收集过程和利益相关者参与过程的跨学科性的系统化方法;

• 包括协作建模和评估的综合分析工具,以产生科学成果,并指出政策制定和筹资方面的行动差距;

• 适当的融资模式,确保从知识到行动的转变,提供激励措施并维持转型。

成果 2:弹性经纪项目——健康和弹性城市区域的合作模式

为制定和实施弹性经纪项目,生态隔离信托基金会(TRUST)带来了全球领先的多学科小组专家和组织——弹性经纪人、一项旨在促进实施《2030 年路线图》的倡议、一项为达成可持续发展目标的行动计划、《新城市议程》且适合《贝鲁特城市弹性总体规划》的实施。

　　该项目倡导一种人类—生态—经济和资源协作的系统方法,通过社会和自然系统及其相互联系的综合建模,利用数据和科学证据进行投资和规划决策。该项目旨在通过充当中立的催化剂,促进公共和私营部门之间的新型合作形式,并促进社区参与和创新能力建设的新颖而有效的手段。

　　这一宏伟计划旨在到 2022 年为全球 200 个城市地区的可持续发展道路提供资金支持,到 2030 年,在全球所有城市地区迅速扩大到 70%,并改善 50 多亿人的生活。该项目在全球影响方面的巨大潜力由先进的弹性平台技术支撑,已经吸引了社会各界的领先组织关注参与。弹性经纪项目的交付合作伙伴包括地球观测组织(the Group on Earth Observations,GEO)、国际地球模拟中心(the International Centre for Earth Simulation,ICES)、城市气候变化研究网络(the Urban Climate Change Research Network,UCCRN)、伦敦大学帝国理工学院(Imperial College London,ICL)、综合经济研究所(the Institute for Integrated Economic Research,IIER)、联合国可持续发展解决方案网络(the United Nations Sustainable Development Solutions Network,UNSDSN)以及国际地方环境倡议理事会(the International Council for Local Environment Initiatives,ICLEI)。项目合作伙伴的综合知识、影响深远的网络、影响力和既定的卓越业务能力,使得该项目在世界任何地区得以快速动员和无缝部署,使其宏伟的扩张计划的愿景成为一个实际且可实现的目标。

　　弹性经纪项目(见图 9.2)是政府和企业投资于前沿解决方案的一个独特机会,建议在贝鲁特市建立弹性和促进城市健康和福祉,优先提高城市的绿色、公共空间和步行友好性。

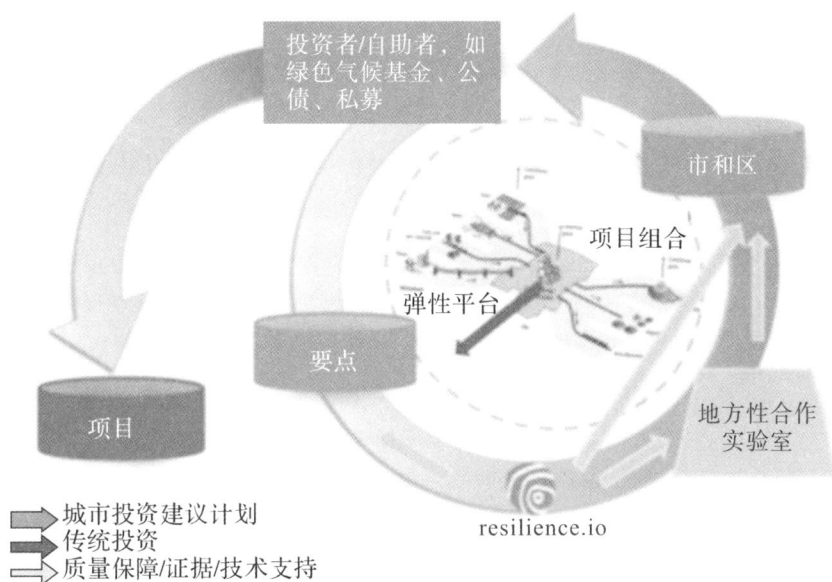

图 9.2 弹性经纪项目

政策建议

1.建议采用系统方法来利用城市健康挑战的复杂性,分析现有政策和融资缺口,并确定能够规避风险和增强弹性的行动优先事项。

2.建议采用一种系统方法,从公共和私营部门、公民社会组织和社区的多个利益攸关方共同创建集体智慧,以便促进社会学习,使政策在社区恢复能力建设方面更具包容性。

3.政策应促进知识行动网络扩展到知识行动系统,这对于促进城市健康系统的运行和确保稳定的财政资源、从而使复原力建设计划长期可行非常重要。

4.在解决复杂的城市健康和福祉问题方面,例如在贝鲁特,一个协作系统建模和实施的综合科学-政策-融资框架已经成熟,如弹性经纪项目。

参考文献

Government of Lebanon, 2016, Council for Development and Reconstruction (CDR), Grand

Serail. Beirut,Lebanon: Habitat Ⅲ National Report.

The Ecological Sequestration Trust. 2016. Roadmap 2030: Financing and Implementing the Global Goals in Human Settlements and City-Regions. [2019-06-28]. https:// ecosequestrust. org/roadmap2030/.

About the Urban Resilience Masterplan for the City of Beirut: Urban Resilience Masterplan for the City of Beirut. (2015-05-29) [2019-06-28]. https://nl4worldbank. org/2015/05/ 29/urban-resilience-masterplan-for-the-city-of-beirut/.

EMI Beirut Mission. [2019-06-28]. http://emi-megacities. org/news/emi-beirut-mission/.

GATZWEILER F W,AYAD H M,BOUFFORD J I,et al. 2016. Advancing Urban Health and Wellbeing in the Changing Urban Environment. Implementing a Systems Approach. Hangzhou: Zhejiang University Press and Singapore: Springer.

LAWRENCE R J,GATZWEILER F W. 2017. Wanted: A transdisciplinary knowledge domain for urban health. J Urban Health.

The Ecological Sequestration Trust. 2018. What Is Resilience. io? [2019-06-28]. https://resilience. io/ resilience-io-supported-by-the-ecological-sequestration-trust/.

10

东南亚国家联盟实现可持续发展目标的重要战略路径之一：协调环境与健康的关系

蒙蒂拉·彭斯里（Montira Pongsiri）[①]

翁铁·阿萨卡瓦蒂（Vongthep Arthakaicalvatee）[②]

关键信息

1.由于我们正在经历的全球和地方环境变化,东南亚地区面临失去来之不易的健康和发展成果的危险。

2.东南亚国家联盟(ASEAN,简称东盟)是一个积极参与环境和健康关系的区域平台,可以作为实现可持续发展目标的战略途径。

3.东盟致力于通过协调、信息共享和报告来实现可持续发展目标,泰国被指定为东盟的领导国家。

4.《东南亚国家联盟预防文化宣言》(Culture of Prevention,CoP)旨在创建一个和平、包容、弹性、健康与和谐的社会,对于我们如何处理该区域的环境与健康关系至关重要。我们越来越重视健康的环境决定因素,这为改善东盟社区环境、改善健康状况以及预防有害健康风险提供了新的机会。

5.是时候与东盟合作帮助解决该地区的环境和健康工作重点事项了,通过示范如何使用基于知识的工具进行综合评价、监测、建模和评估——所有重点政策都需要解释说明一下将环境和健康问题结合起来("环境与健康关系")而不是作为单独领域的问题来处理的价值。

---

① Montira Pongsiri

美国纽约,康奈尔大学高级助理研究员。

电子邮箱:mjp329@comell.edu

② Vongthep Arthakaivalvatee

泰国曼谷,泰国司法学院(TIJ)指导老师。

电子邮箱:Vbngthep@asean.org

人类的健康和福祉取决于我们的环境状况(WHO,2006)。不健康的环境至少与全球 23% 的死亡有关(WHO,2006)。了解健康的环境决定因素可以为减少和预防健康风险提供机会和实际战略(WHO,2006),以及改善我们赖以生存的自然系统的状态(Whitmee et al.,2015)。

由于我们目前正在经历的全球和地方环境变化,东南亚区域面临失去来之不易的健康和发展成果的危险(UNESCAP,2015)。在全球因环境因素造成的死亡中,该地区占 30%(WHO,2018)。世界卫生组织估计,2012 年,全球 23% 的死亡(共计 1260 万人)归因于环境因素,而 30% 与环境相关的死亡发生在东南亚,这些都是可以预防的死亡。由于易受气候变化、传染病风险、非传染性疾病风险增加的影响,以及需要加强健康系统和环境管理做法,该区域存在环境和健康研究热点。

关键利益相关者之间的强有力的伙伴关系和了解,将需要确定和实现可持续的解决方案来挑战环境和健康关系,如现有环境中的气候变化和热应力、极端天气事件的死亡人数、缺水和食品安全、虫媒病,以及和不健康生活方式有关的非传染性疾病等。

现在,作为实现可持续发展目标的一种战略方法,应积极使本区域参与环境和健康关系。这种方法对人类健康和环境都有明显的好处(Dora et al.,2015)。东南亚国家联盟(ASEAN)即是已经建立的区域性平台,用于开展这种基于共同利益的活动。东盟是一个区域性政府间组织,包括以下成员国:印度尼西亚、泰国、马来西亚、新加坡、菲律宾、文莱、越南、老挝、缅甸和柬埔寨。东盟旨在通过就共同利益和共同挑战进行合作,加快本地区的经济增长、社会和文化发展。

在《东盟共同体愿景 2025》的指导下,东盟将通过落实其政治安全、经济和社会文化蓝图,实现一体化共同体(ASEAN Community vision,2025;2018)。

作为一个区域性组织,东盟还致力于通过协调、信息共享和报告,落实《2030 年可持续发展议程》,泰国是指定的东盟领导国。

目前的政策条件有利于与东盟接触

是时候与东盟合作帮助解决该地区的环境和健康重点事项了，通过示范如何使用基于知识的工具进行综合评价、监测、建模和评估——所有重点政策都需要解释说明一下将环境和健康问题结合起来（"环境与健康关系"）而不是作为单独领域的问题来处理的价值。然而，有必要加强东盟的能力，利用考虑发展、环境和社会问题的综合方法，计划在这一关系上开展工作，并根据可获得的最佳证据为促进、规划和实施可持续发展的政策提供信息。

2017年，东盟领导人开创性地通过了《东盟建立和平、包容、弹性、健康与和谐社会的预防文化宣言》。与联合国秘书长的预防议程类似，建立预防文化是为了解决东盟地区社会经济问题的根源，包括各种形式的暴力、环境退化和生活质量降低。六大要点中的突出点有要点4：促进弹性和爱护环境文化和要点5：推广健康生活方式文化（ASEAN,2018）。

《预防文化宣言》就其本身而言，大体上是一种范式转变。它不仅向东盟成员国提供了明确一致的政策方向，将预防性措施纳入东盟所有核心工作支柱——安全、经济和社会文化——的主流，同时也提供一个平台，在其公民中培养从被动应对到预防性的心态转变。

制定这一政策对我们如何处理该区域的环境与健康关系至关重要，因为我们对健康的环境决定因素的日益关注为改善环境、改善健康和预防东盟社区的有害健康风险提供了新的机会。

越来越多的证据表明，东盟区域的环境变化对健康和福祉造成重大损害，加上泰国作为东盟轮值主席国，以及2019年"推进可持续发展伙伴关系"的主题为关键的利益相关者（科学界、民间团体和决策者）提供偶然的时机和机遇，以在环境和健康方面积极与东盟接触，以改善健康和福祉，这是人类发展和长期经济进步的先决条件。

联合国（United Nations,UN）对共同处理环境可持续性和人类健康问题同样感兴趣，不仅增进对关键的环境和健康关系的了解，而且还通过对改善健康和环境的政策干预措施进行综合评估、确定和分析，利用这种了解为政策提供信息。融合是可持续发展目标的基础。因此，采取一种方法来发挥可持续发展目标之间的协同作用，并尽量减少规划和执行活动的频繁变动，是切实可行的，但也是对现有治理结构的挑战。对于环境和健康关系挑战的系统理解，包括其原因（单独的或结合的，直接的或间接的）和反馈循环（正面或负面影响），对于东盟为落实《2030 年议程》而确定预防政策战略和成本效益高的解决方案至关重要。

由于联合国现在是东盟的正式合作伙伴，环境和健康关系的重点得到了重新确立，跨联合国的伙伴关系也得到了加强（UNEP，2019），可持续发展目标成为实施综合的、政策一致的方法的共同框架。

重要的是，人们一致认为，如果理解了人类活动的驱动因素以及全球和当地环境变化对健康和福祉的影响，并反映在政策和规划中，我们就可以保持在一条积极的可持续发展道路上（Whitmee，2015）。

从强大的科学基础起始

需要更严格的科学基础来规划和实施可持续发展目标，特别是那些与健康（SDG 3）、安全引用水（SDG6）、安全城市（SDG 11）和气候行动（SDG 13）有关的目标(Stokstad，2015)。最近的一份报告总结认为，亚太地区在实现可持续发展目标方面进展缓慢、进展不足，在陆地生态系统（SDG 15）和气候行动方面没有或几乎没有进展，这些现状主要归因于空气污染。此外，报告的结论也强调需要一种更综合和更具包容性的方法来产生规划和衡量可持续发展目标所需的数据（ESCAP，2017）。东盟认识到在实践中应对环境和健康关系所面临的挑战，重要的是，迫切需要采取需要在环境、卫生和金融部门之间共享信息和进行政策协调的方法（UNEP，2015）。

应用系统分析建立一个共享的理解环境与健康关系的挑战，还可以帮助评估现有证据综合发展的政策工具来解决科研优先事项，如如何理解社会、经济和环境因素之间的动态相互关系，可以帮助识别或解决政策选择的取舍和意想不到的后果（Pongsiri，2018）。这些政策是在国家、国家以下各级和地方各级制定的。在各个层次上，决策者必须在相互关联，有时是相互竞争的问题中确定优先次序。对部门挑战的系统了解，特别是在空间和时间尺度上跨部门的驱动因素和后果之间的动态关系，应是在具体范围内确定优先事项的基础。如果在制定政策时没有认识到相互关系和反馈，就失去了减轻对健康、环境和分配的不利影响的机会，也失去了利用共同利益来推进多项目标的机会（Johnston et al.，2012）。

案例研究：景观火灾对人类健康的影响

景观火灾每年造成大约 30 万人过早死亡（Koplitz et al.，2016）。它们也是生物多样性丧失的主要驱动因素，特别是在东南亚，放火清理农田是常见做法。据估计，2015 年新加坡、马来西亚和印度尼西亚约有 10 万人死于火灾。如果不是火灾，这些死亡就不会发生。2015 年是厄尔尼诺年，由此造成了干旱，使得富含有机质的泥炭地变得干燥，导致大部分火灾在此发生。一个多学科的科学家团队研究了土地利用、与土地覆盖变化相关的火灾排放物、排放物向居民点的风动运输，以及我们从流行病学角度了解的暴露于或在排放物中的悬浮颗粒物（PM 2.5）对人类健康的影响之间的关系。这些跨学科的环境和健康数据的整合，催生了一种可以量化火灾事件对人类健康的影响（死亡率）的创新建模工具的开发。量化的人类健康成本可以用于评定旨在预防最大的人类健康风险的政策决定是否合理。此外，可以调整模型工具，为国家和地方一级的政策提供信息，通过保护泥炭地来帮助解决季节性火灾。

利用综合建模工具将健康作为首要关注事项加强了证据基础，以帮助确定泥炭地保护规划的优先次序。因此，在可以避免火灾的地方，最大的人类健康风险也可以避免在顺风处发生。此外，保护泥炭地的同样健康和经济成本与效益可以支持减轻气候变化工作力度的证据基础。系统地理解为了农业生产而放火清理土地的驱动因素及其后果，有助于确定改善健康的干预杠杆点，以及采取基于共同利益的方法来保护泥炭地和减少对人类健康的风险的机会。与决策者的积极接触加强了对该工具早期预警潜力的兴趣。

对处理东盟环境和健康关系的政策建议

• 在制定政策之前，认识到环境－健康关系挑战的相互关系和反馈，以避免失去减轻有害健康、环境和分配影响以及利用共同利益来推进多项目标的机会。

• 在实施《东盟共同体 2025 年愿景》和《2030 年可持续发展议程》时，强调环境与健康的联系，特别是它们在这方面的互补性。

• 让主要利益攸关方成为促进环境与健康关系的主要合作伙伴，特别是在激励私营部门方面。

• 促进公众对环境－健康关系的更广泛理解，以提高公众的接受度和支持度。

• 确定采取综合的、以共同利益为基础的政策行动应对环境与健康联系的挑战所带来的环境和健康效益。确定不采取政策行动的环境和健康成本。

• 总结在具体情况下处理环境与健康关系的经验教训，以适用于其他经历（或预期）类似挑战的地方。

参考文献

ASEAN Community Vision 2025. 2018. [2019-06-28]. https://www.asean.org/wp-content/uploads/images/2015/November/aec-page/ASEANCommunity-Vision-2025.pdf.

ASEAN Declaration on Culture of Prevention for a Peaceful, Inclusive, Resilient, Healthy and Harmonious Society. 2017. ASEAN, (2.iv-2.v.). [2019-06-28]. https://asean.org/wp-content/uploads/2017/11/9.-ADOP-TION 12-NOV-ASCC-Endorsed-Culture-of-Prevention-Declaration_CLEAN.pdf.

Complementarities between the ASEAN Community Vision 2025 and the United Nations 2030 Agenda for Sustainable Development: A Framework for Action. Thailand: United Nations. 2017. [2019-06-28]. https://www.unescap.org/sites/default/files/publications/UN% 20ASEAN% 20Comple-mentarities%20Report_F inal_PRINT.pdf.

DORA C, HAINES A, BALBUS J, et al. Indicators linking health and sustainability in the post-development 2015 agenda. The Lancet, 2015, 385: 380-391. [2019-06-28]. https://www.worldatlas.com/articles/aseaii-countries.html. Accessed December 16, 2018.

ESCAP. 2017. Asia and the Pacific SDG Progress Report. Bangkok: United Nations. UNEP/APEnvForum/3, 2015.

JOHNSTON F H，HENDERSON S B，CHEN Y，et al. 2012. Estimated global mortality attributable to smoke from landscape fires. Environmental Health Perspectives，120：695-701.

KOPLITZ S N，MICKLEY L J，MARLIER M E，et al. 2016. Public health impacts of these verehaze in Equatorial Asiain September-October 2015：Demonstration of a new framework for informing fire management strategies to reduce downwind smoke exposure. Environmental Research Letters，11（9）：094023. http://www. indiaenvironmentportal. org. in/files/file/hazardous％201evels％20of％20smoke％20Asia. pdf.

PONGSIRI M J，GATZWEILER F W，BASSIA M，et al. 2017. The need for a systems approach to planetary health. The Lancet Planetary Health，1(7)：e257-259.

PONGSIRI M J. 2018. Operationalising planetary health as a game-changing paradigm：health impact assessments are key. The Lancet Planetary Health 2，(2)：e54-55.

Stokstad E. 2015. Sustainable goals from UN underfire. Science，347(6223)：702-703.

World Health Organization. 2006. Preventing Disease Through Health Environments. France：WHO.

World Health Organization. 2016. Preventing Disease Through Health Environments. France：WHO. ［2019-06-28］. https://apps. who. int/iris/bitstream/handle/10665/204585/9789241565196 _ eng. pdf；jsessionid ＝ 97E41021DB3B92809902C200A9D89C2C? sequence＝1.

WHITMEE S，HAINES A，BOLTA F，et al. 2015. Safeguarding human health in the anthropocene epoch：Report of the rockefeller foundation-lancet commission on planetary health. The Lancet，386(10007)：1973-2028.

WHO. 2018. Environmental Impacts on Health. ［2019-06-28］. http://www. who. int/quantifying_ehimpacts/publications/PHE-. prevention-diseases-infbgraphic-EN. pdf.

World Health Organization. 2019. Global Action Plan for Healthy Lives and Well-Being for All. The United State of America：WHO. ［2019-06-28］. http://www. who. int/sdg/global-actionplan.

11

变化环境中的城市健康和福祉

柯歆珏①

弗朗茨·W.盖茨维勒(Franz W. Gatzweiler)②

关键信息

1.将健康指标纳入所有政策并实施综合系统治理,可通过创造健康共同效益,有效应对多种变化挑战。

2.城市规划系统的指导原则必须包括健康。

3.通过将健康纳入所有政策,可以提升城市处理突发公共卫生问题的能力。

4.需要促进城市健康的公众参与和社区能力建设。

5.加强健康城市的研究和教育。

6.制定地方目标,并定期评估实现健康目标的进展指标。

① 柯歆珏

中国厦门,全球科学项目——城市健康与福祉项目科学交流专员。

电子邮箱:xjke@iue.ac.cn

② Franz W. Gatzweiler

中国厦门,全球科学项目——城市健康与福祉项目执行主任。

电子邮箱:gatzweiler02@gmail.com

政策背景

在经济增长、人口增长和人口迁移的推动下,世界正在经历一场严重的城市人口增长和扩张运动。2018 年,大约 55％ 的人口定居在城市地区(UN,2018),到 2050 年,预计将有 70％ 的世界人口是城市人口(WHO,2018)。拉丁美洲和加勒比海地区约有 81％ 的人口居住在城市地区。亚洲约占 50％,而非洲尽管仍以农村为主,但将在未来十年迅速向城市扩张(UN,2018)。

城市化作为一个全球性问题,与城市规划、经济学、社会学和地理学等多种学科密切相关,这些学科直接或间接地影响着人类健康。一系列重大公共卫生问题,如新出现的非传染性和传染性疾病、健康不平等、气候变化和工作不安全感等,都是城市化带来的严重后果。2015年,中国政府推出了"一带一路"倡议,这是实现全球健康改革的基础。2017 年,世界卫生组织与中国建立了建立"健康丝绸之路"的战略伙伴关系。健康是参与国对基础设施和运输的投资和发展的一部分,是改善公共卫生的主要战略。"健康中国 2030"作为一项国家战略,将健康领域确定为全球可持续发展的优先事项,促进人人健康。认识到经济发展与健康人群和环境是相辅相成的。

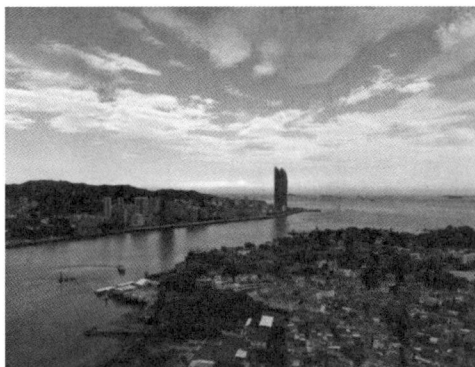

目前,世界各地、各组织已采取重大行动举措改善全球城市的健康状况。2016 年,联合国人居署发起的《新城市议程》将健康问题列为城市规划的核心问题。联合国人居署与世界卫生组织启动了健康与规划工作关系,来自世界各地的 100 多位市长出席了"上海健康城市共识"会议。市长们致力于健康的善政,其核心原则是将健康纳入所有政策并从社会、经济和环境方面处理所有健康决定因素(健康城市市长论坛,2016).

然而,仅靠卫生部门无法很好地解决这些问题。需要制定一种协作和综合办法,以了解和处理复杂的城市卫生问题。一个健康的城市是一个不断试图改善当地居民健康的过程,而不仅仅是一个结果(WHO,2018)。

在过去的几年中，城市健康与福祉的系统方法在亚洲、太平洋地区、拉丁美洲加勒比海地区和非洲提升了区域对城市复杂性，特别是其对健康影响的理解。在马来西亚城市中，SALURBAL（拉丁美洲城市健康）项目使用了协作概念模型(the collaborative conceptual modelling，CCM)方法，促进对城市健康和可持续性做出更有效的决策。在萨尔瓦多，已经实施了"城市健康模型"，这是一种以参与性系统模型为依据的"将健康融入所有政策"的参与性决策过程。它从不同的城市部门和不同类型的数据中获取信息和知识，以制定政策和行动，应对对城市健康和福祉的新威胁。

国际研讨会

2018 年 10 月，国际科学理事会(ISC)城市健康与福祉全球科学项目(UHWB)联合中国科学院城市环境研究所（IUE，CAS），举办了"变化环境中的城市健康与福祉"国际研讨会。来自世界 8 个国家的 30 余位相关领域的专家参加了会议。该研讨会旨在提供机会让与会专家们更好地了解城市健康与福祉的具体问题间的相互联系，就可能产生的利益提出证据和案例研究，并通过采取系统方法和将促进健康作为城市决策的核心来解决这些问题。

根据世界卫生组织促进不同城市部门（包括交通、住房、教育、经济等）之间合作，以及促进社区参与和最大限度地发挥地方管治的效能的目标，研讨会确定了改善城市健康所需的几个关键领域。

1. 城市治理与规划

城市规划和治理是城市健康的重要决定因素。卫生作为城市系统中最重要的部门之一,应在规划和决策过程的一开始就加以考虑,而不是作为预期结果加以考虑。城市正在迅速发展,并发展成为更加动态复杂的系统,从而产生大量意想不到的城市健康问题,对居民的生活质量产生影响。仅仅促进改善城市健康的方案可能会产生不利影响,因为这些方案无法最大限度地发挥多城市系统的功能并产生共同效益。相比之下,地域和空间规划则强调城市综合治理和跨部门的资源管理。这类规划通过考虑并与各级利益攸关方合作跨界采取行动,促进过渡合作和区域合作,解决健康问题。

在城市增长带来的城市转型时代,治理需要加强跨学科协作。在城市中,与社会各层面的接触,具有解决人、生态和技术之间动态相互作用的巨大潜力。对于城市居民体育活动少、饮食高脂肪、心理压力大的生活方式,需要多层次的动员和呼吁公众参与,以改善公共健康状况和福祉,这是不可或缺和不可避免的。

2. 技术与网络

城市系统复杂,具有多种相互作用的网络,这有助于产生良好的健康与福祉。加强由人、人工制品或机器组成的协作网络是解决城市健康问题的必要条件。这是由于健康是一种"涌现特性",是由复杂和适应性系统的组成部分之间的不同交互作用产生的。

作为网络的一部分,创新和交互技术包括大数据技术、地理信息系统(geographic information systems,GIS)和地球探测器,这些是解决城市健康问题复杂性的重要工具(WHO,2016),对促进生态城市和智慧城市等健康城市的发展具有巨大潜力。今后,大学应该在培养、教育和加强各种形式的网络和互动方面发挥重要作用。

3. 交流与研究设计

人口增长推动城市化,导致城市教育、商业和经济环境发生一系列重大变化。当城市面临前所未有的挑战时,需要一个综合的、参与性的研究设计来适应和解决城市的复杂性。通过将困难的概念可视化,设计本身就能够在学科之间架起一座桥梁。它还在技术、科学和工程的迅速发展之间架起了桥梁。因此，如何塑造健康、福祉和城市环境之间的关系变得至关重要。

4. 衡量城市污染和环境风险

城市中的弱势群体，特别是妇女、儿童和老年人，更容易受到环境污染的影响。现今，全世界超过 93% 的儿童呼吸着严重污染的空气（WHO，2018）。城市建设环境，包括工业用地、绿地和开放空间以及道路系统，与呼吸健康密切相关。在健康城市规划战略中应考虑到这一点。此外，了解在住房、规划和运输等不同部门采取的一系列干预措施的有效性可有助于改善空气质量和水质。

气候变化对公共卫生影响的风险评估对政策选择很重要，这有助于风险知情决策过程。许多城市位于容易发生自然灾害和气候灾害的地区。由于天气条件的变化，城市居民的健康可能会受到直接的身体伤害、介水性疾病和呼吸系统疾病的影响。在空间和时间尺度上对这些脆弱性进行分析，能够帮助确定考虑可行性、适用性和健壮性的政策选择。

5. 住房与健康

在发展中国家和发达国家，住房和建筑环境都关系到居民的身心健康和社会福祉。世界卫生组织最近公布的指导方针将"健康住房"解释为为居民提供安全、健康的居住环境（WHO，1988）。鉴于在获得高质量住房和负担得起的能源方面日益不平等的情况，采取支撑联合国可持续目标的系统方法可以改进可再生能源，以世卫组织最低氛围标准建造负担得起的住房。

结　语

城市为居民提供了大量就业机会、获取商品和社区服务的机会，并为健康创造机会。然而，世界人口众多，城市居民急剧增加，从而加深了社会和环境紧张的根源，对城市的人类健康和福祉造成不利影响。现今城市扩张的终极挑战是寻找一种方法，以最大限度地发挥多性能城市系统的功能，并产生共同利益，改善城市健康。此次国际研讨会反映了政府对新型智慧城市规划战略的迫切需求。跨城市部门的综合系统治理是改善城市健康和福祉的一项具有发展前景的战略。为了实现所有人的健康目标,需要努力将健康纳入所有政策,更好地了解城市健康、福祉和不断变化中的城市环境之间的复杂的相互作用。

参考文献

Healthy Cities Mayors Forum. 2016. Shanghai Consensus on Healthy Cities. [2019-06-28]. https://www. who. int/healthpromotion/conferences/9gchp/9gchp-mayors-consensus-healthy-cities. pdf? ua=1.

UN Habitat. 2012. Global Report on Urban Health: Equitable, Healthier Cities for Sustainable Development. [2019-06-28]. https://unhabitat. org/books/global-report-on-urban-health-equitable-healthier-cities-for-sustainable-development/.

United Nations. 2018. 68% of the World Population Projected to Live in Urban Areas by 2050, Says UN. [2019-06-28]. https://www. un. org/develop-ment/desa/en/news/population/201S-revision-of-world-urbanization-pros-pects. html.

World Health Organization. Guidelines for Healthy Housing. 1988. [2019-06-28]. http://apps. who. int/iris/bitstream/handle/l0665/191555/EURO_EHS_3l_eng. pdf? sequence =1.

World Health Organization. Healthy Cities. 2018. WHO Representative Office, China. [2019-06-28]. http://www. wpro. who. int/china/mediacentre/ factsheets/healthy_cities/en/.

World Health Organization. 2018. More than 90% of the world's children breathe toxic air every day. [2019-06-28]. https://www. who. int/news-room/detail/29-10-2018-more-than-90-of-the-world's-children-breathe-toxic-air-every-d.